河北省"十四五"职业教育规划教材

短视频拍摄与剪辑

左爱敏 ◎ 主　编

郑　伟　杨佳明　兰丽娜　石　莹 ◎ 副主编

U0281323

电子工业出版社·

Publishing House of Electronics Industry

北京·BEIJING

内 容 简 介

本书紧密结合理论知识与实践操作，始终以短视频创作工作中的完整流程为主线，以各个岗位的典型工作任务为核心。与此同时，本书充分融入了思政方面的相关内容，积极响应国家乡村振兴的政策导向，大力强化立德树人这一教育根本任务。

本书是依照短视频创作流程精心编排的实用教材，采用项目化的设计方案，共包括 5 个项目，依次引导读者认识商品短视频、策划商品短视频脚本、准备商品短视频拍摄设备、拍摄商品短视频及剪辑商品短视频。本书提供相关案例素材、多媒体课件、教案等，并配备案例视频，直接扫描书中二维码即可观看。

本书可供中职、高职院校的电子商务、网络营销、新媒体营销等相关专业的学生使用，也可供短视频爱好者使用。

图书在版编目（CIP）数据

短视频拍摄与剪辑 / 左爱敏主编. -- 北京 ：电子
工业出版社，2025. 2. - ISBN 978-7-121-49856-5

Ⅰ. TB8；TN948.4

中国国家版本馆 CIP 数据核字第 2025FQ1237 号

责任编辑：郑小燕
印　　刷：北京缤索印刷有限公司
装　　订：北京缤索印刷有限公司
出版发行：电子工业出版社
　　　　　北京市海淀区万寿路 173 信箱　　　邮编：100036
开　　本：880×1230　　1/16　　印张：11　　字数：233 千字
版　　次：2025 年 2 月第 1 版
印　　次：2025 年 2 月第 1 次印刷
定　　价：46.80 元

凡所购买电子工业出版社图书有缺损问题，请向购买书店调换。若书店售缺，请与本社发行部联系，联系及邮购电话：（010）88254888，88258888。

质量投诉请发邮件至 zlts@phei.com.cn，盗版侵权举报请发邮件至 dbqq@phei.com.cn。

本书咨询联系方式：（010）88254550，zhengxy@phei.com.cn。

在当今数字化经济蓬勃发展的背景下，国家大力支持电子商务的创新与发展，鼓励培养具备新媒体技能的实用型电商人才。同时，国家高度重视乡村振兴战略实施，鼓励挖掘与推广乡村特色资源，以促进乡村经济发展。

"短视频拍摄与剪辑"是新媒体营销相关专业的核心课程。本书以短视频创作工作中的完整流程为主线，是有关商品短视频拍摄与剪辑的教材，其中包括认识商品短视频、策划商品短视频脚本、准备商品短视频拍摄设备、拍摄商品短视频及剪辑商品短视频 5 个项目。依照短视频创作流程，通过理论与实践相结合的方式对本书内容进行介绍。每个项目中均包含多个任务，每个任务中均设有任务准备环节，鼓励学生课前自主学习相关知识。借助"学一学"和"做一做"的方式，学生可以熟练掌握相关知识并进行实际操作。本书设置了拍摄家乡特产短视频的任务实训模块，同时开设了思政园地模块，有机融入思政内容。本书详细介绍了短视频创作所需的技术，按照创作过程进行内容编排，引导学生全面掌握书中内容。

本书是河北省"十四五"职业教育规划教材。本书具有以下特点。

1．创新编写体例

项目任务式编排：本书以项目、任务、活动三级架构来编排内容，每个项目均围绕特定主题延展，诸如认识商品短视频、策划商品短视频脚本、准备商品短视频拍摄设备等。

课前、课中、课后环节完备：每个任务均为学生设置了任务准备环节，要求学生自主学习并填写预学单。自主学习的方式可以促使学生预先了解相关内容，为课上更好地吸收知识做准备，同时可以提升学生的自主学习能力。课上安排了"学一学"和"做一做"模块，"学一学"模块助力学生清晰界定知识内容，"做一做"模块让学生搜索相关关键词并对案例进行归纳总结，以进一步深化对知识的认知。课后要求学生对知识的掌握程度予以评价，并借此发现学习过程中的漏洞。

理论与实践结合：每个项目均结合理论知识与实际操作，使学生在学习过程中切实掌握并应用所学技术与方法。

任务拓展：在每个任务结束后，本书依据该任务的知识点设定了任务实训模块，辅助学生巩固所学知识。

2. 融入思政元素

本书将与乡村振兴相关的思政元素全面且深入地贯穿于项目背景及任务实训模块，通过富有引导性的内容，鼓励学生充分发挥自身所学，精心拍摄家乡独具特色的产品，并将所摄视频创作成具有吸引力和商业价值的商品短视频。如此一来，不仅能为乡村经济的发展注入强劲动力，还能以一种"润物细无声"的方式，将思政内容自然而巧妙地融入整个教学过程。这种方式可以激发学生的学习兴趣，使他们以更加积极、主动的态度投入学习当中。

此外，本书还专门设置了思政园地模块，将专业知识与思政教育有机结合，从而切实落实立德树人根本任务，为培养德才兼备的高素质人才奠定了坚实基础。

3. 配套资源丰富

本书使用了丰富的图片、表格来阐明效果，并以这种方式来记录学生的实践操作成果。其中，图片可以帮助学生有效理解相关知识，表格可以引导学生进行知识探索和归纳总结，这对教师的课堂授课有良好的辅助作用。

本书由石家庄电子信息学校教师左爱敏担任主编，建构全书框架及大纲，并指导完成全部编审工作。石家庄海豚大健康科技有限公司运营经理王天可负责书中全部视频案例的审核及指导工作。全书编写分工如下：项目一由左爱敏编写，项目二由石莹编写，项目三由兰丽娜编写，项目四由郑伟编写，项目五由杨佳明编写。此外，石家庄电子信息学校的付海峰、马浩锟、门阳阳、郝若璇、刘苑、邵燕燕参与了本书的编写工作。

由于编者资历有限，尽管在编写过程中力求完善、准确，但书中难免存在疏漏和不足之处，敬请广大读者批评指正。

认识商品短视频

项目情境

　　某学校要开设短视频课程，授课老师是李老师。随着智能手机的普及和移动互联网的发展，短视频凭借其快速、便捷的特点，逐渐改变着人们获取信息和娱乐的方式。当然，短视频同样会影响到学校的同学们，使他们可以通过短视频获取知识，给他们的学习生活带来了很大变化。在听说要上短视频课程并且自己以后也可以创作短视频后，同学们都表现得非常兴奋。李老师告诉大家，课上主要是学习商品短视频创作的理论知识，在掌握基本技能后，大家可以为各自家乡的特产创作高质量的短视频进行宣传，这将是一件令人自豪的事情，也是为国家乡村振兴贡献自己的一份力量！

　　本项目将带领同学们了解商品短视频基础，学习商品短视频创作流程。

知识目标

1. 了解商品短视频的概念与作用、常见类型及常见应用渠道。

2. 了解商品短视频创作的注意事项。

3. 熟悉商品短视频的前期准备工作与创作流程。

能力目标

1. 通过搜索关键词完成自主学习，了解相关知识。

2. 通过观看商品短视频，分析商品短视频的作用，划分商品短视频的类型。

3. 通过不同的平台渠道搜索不同类型的商品短视频。

4. 通过组建合作小组进行任务分工，掌握商品短视频的创作流程。

素养目标

1. 通过项目实践，培养学生的信息检索与自学能力。

2. 通过小组合作学习，培养学生的协作与沟通能力。

3. 培养学生关注家乡、热爱家乡、建设家乡的情怀。

项目导图

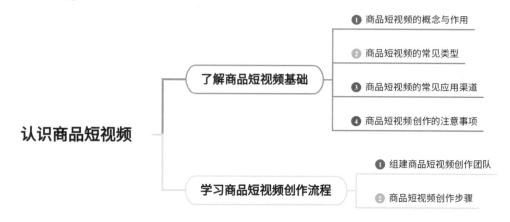

认识商品短视频

- 了解商品短视频基础
  - ❶ 商品短视频的概念与作用
  - ❷ 商品短视频的常见类型
  - ❸ 商品短视频的常见应用渠道
  - ❹ 商品短视频创作的注意事项
- 学习商品短视频创作流程
  - ❶ 组建商品短视频创作团队
  - ❷ 商品短视频创作步骤

任务一 了解商品短视频基础

任务导入

同学们平时虽然浏览了不少短视频，但并没有认真、系统地学习过短视频的相关知识，尤其是商品短视频方面的知识，因此在开始创作商品短视频之前，应该先了解相关基础知识，这样才能做到心中有数，为后面的学习做好准备。

任务准备

学习目标

1. 组建合作小组，共同解决预学单上的问题。

2. 通过教材、网络等不同途径查阅相关学习资料。

学习过程

1. 学习任务

了解商品短视频的概念与作用、常见类型、常见应用渠道及创作的注意事项。

2. 填写预学单

阅读学习任务，查找相关资料，填写表 1-1-1。

表 1-1-1　了解商品短视频基础预学单

学习内容					
小组名称		组员		组长	
解决问题 的方法				解决问题 使用的时间	
需要解决的问题					
商品短视频是什么					
商品短视频的作用有哪些					
商品短视频的常见类型有哪些 （请图文并茂说明）					
商品短视频的常见应用渠道有哪些 （请图文并茂说明）					
创作商品短视频需要注意哪些事项					
存在哪些疑问					

 任务实施

活动 1　商品短视频的概念与作用

活动描述

了解什么是商品短视频，以及它有哪些作用。

活动实施

学一学

什么是商品短视频？

商品短视频是指在短时间内展示商品的特点、功能和使用场景的视频内容。视频时长通常在 15 秒至 1 分钟内，通过画面、音乐和文字说明，向观众展示商品的外观、材质、性能等特点，以及商品的用途和优势。商品短视频可以通过各种平台和渠道传播，包括社交媒体、电商平台、广告等，以吸引消费者的注意力，提高商品的曝光度和销售量。它是一种创新型营销手段，能够更好地满足现代消费者对直观信息的需求。

做一做

步骤一：了解商品短视频的特点有哪些。

访问淘宝平台，输入关键词搜索商品，浏览商品的主图视频，归纳总结其特点并填写表 1-1-2。

表 1-1-2　商品短视频的特点

商品名称	展示内容	视频时长

步骤二：了解商品短视频的作用有哪些。

访问淘宝平台，搜索不同类目的商品，对比这些商品的展示内容，归纳总结商品短视频的作用并填写表 1-1-3。

表 1-1-3　商品短视频的作用

商品名称	所属类目	侧重展示的方面	展示带来的作用

学一学

商品短视频的作用有哪些？

与单调的文字和静态的图片相比，动态的视频内容更为丰富，所传达的内容更直接、更具说服力，也更容易使观者产生共鸣。一条优秀的商品短视频能带来良好的销售业绩。

1. 能够真实、全面地展示商品特点

与传统的图文介绍模式相比，商品短视频不仅能够全方位地展示商品，还能够搭配语言描述，进一步形象地为消费者介绍商品的特点和功能。这种方式既能体现商品的设计亮点，又能让消费者直观地了解商品信息，有助于消费者做出决定，提高下单概率。

2. 能够取得消费者的信任

商品短视频能够让消费者看到商品的生产过程和质量，提高商品的透明度和可信度，有助于消费者建立对品牌的信任。

3. 减少售后服务工作量

商品短视频能够完整、清晰地展示商品的安装过程、使用流程、注意事项等，帮助消费者更好地了解商品的使用方法，既方便了消费者，又减少了由此产生的服务沟通时间，为商家提供了便利。

4. 多渠道宣传推广

商品短视频的传播途径是不受限制的，可以事先保存好拍摄的商品短视频，之后借助互联网的优势将其推送到各个自媒体平台上，这样可以让不同平台上的消费者了解该商品，进而拓宽销售市场。

5．促进销售和品牌建设

对品牌商家来说，商品短视频可以突出品牌优势，展现品牌实力，介绍品牌故事，可以起到很好的宣传作用，从而让消费者更信任商家，增强消费者对商品和售后的信心，以及对品牌的信任度和忠诚度，有助于建设品牌形象。

活动 2 商品短视频的常见类型

活动描述

不同的短视频展示方式适用于不同的商品，接下来学习商品短视频有哪些常见类型。

活动实施

学一学

商品短视频的常见类型有以下几种。

1．商品展示类

通过在商品短视频中进行商品的展示，包括商品的整体、细节、颜色、材质、尺寸、功效等，搭配具有说服力的文案，全方位地展示商品，突出商品卖点。此类商品短视频是商品短视频中数量极多的一类，在展示文具类商品时，多采用此种类型。

2．场景展示类

通过商品短视频展示商品的真实使用场景，如展示商品在日常生活中的使用场景，让消费者产生代入感，更全面地了解商品的适用性和价值，从而提高销售量。在展示家居类商品时，多采用此种类型。

3．使用教程类

通过在商品短视频中介绍商品的使用方法、使用技巧，间接性地展示商品的卖点。在此类商品短视频中，消费者不仅可以了解商品的使用方法，还可以了解商品的功能，从而促使其下单，如在展示美妆类商品眼影时，会在商品短视频中教大家怎样画不同的眼妆。在展示家电类等需要安装的商品时，也会采用此种类型。

4．剧情融入类

此类商品短视频一般会设计一个完整的小剧情，首先在开篇直接引出痛点，然后通过讲述故事和剧情的方式展开，引起消费者的情感共鸣，最后通过使用某款商品解决问题。在展示护肤类商品时，多采用此种类型。

做一做

步骤一：了解商品展示类、场景展示类和使用教程类商品短视频的展示方式和特点。

访问淘宝平台，搜索商品，分别找到商品展示类、场景展示类和使用教程类的商品短视频，学习、体验这 3 种类型的商品短视频的展示方式和特点，归纳总结并填写表 1-1-4。

表 1-1-4　3 种类型的商品短视频的展示方式和特点

商品短视频类型	商品名称	展示内容	采用该类型进行展示的优势
商品展示类			
场景展示类			
使用教程类			

步骤二：了解剧情融入类商品短视频的展示方式和特点。

访问抖音平台，找到剧情融入类商品短视频，学习、体验剧情融入类商品短视频的展示方式和特点，归纳总结并填写表 1-1-5。

表 1-1-5　剧情融入类商品短视频的展示方式和特点

商品短视频类型	商品名称	展示内容	采用该类型进行展示的优势
剧情融入类			

活动 3　商品短视频的常见应用渠道

活动描述

商品短视频可以对商品起到很好的宣传作用，那么商品短视频主要应用在哪些渠道呢？接下来学习商品短视频的常见应用渠道。

活动实施

学一学

商品短视频的常见应用渠道有以下几种。

1. 社交媒体

社交媒体包括抖音、快手、微博等。抖音平台提供了丰富的特效，以及声音变形等功能，商家可以通过创作生动、有趣的商品短视频来展示商品的特点和使用方式。

2. 电商平台

电商平台包括淘宝、京东、拼多多等，这些平台是消费者进行在线购物的主要场所，商品短视频可以在主图、商品详情页的位置进行展示，吸引消费者。主图视频是主图中展示的第一个内容，它可以多维度展示商品的优势，更好地突出商品的细节和功能，增加消费者停留的时间，从而让消费者对商品有更多的了解，提高商品的转化率和收藏加购率。商品详情视频通常位于商品详情页的顶部，用于展示商品详情页的全部内容，对商品的使用方法、材质、尺寸、细节等方面的信息进行展示。有时为了提升品牌形象，还会在商品详情视频中进行公司简介。

3．视频分享平台

视频分享平台包括 YouTube、哔哩哔哩、优酷等，这些平台专注于视频内容的分享和传播，商品短视频可以通过这些平台获得更高的曝光度和关注度。商家可以利用视频分享平台提供的功能和工具创作商品短视频，展示商品的特点、使用方法、实际效果等。在发布商品短视频后，可以通过视频分享平台的推广功能，将视频推送给更多的潜在消费者。

4．品牌官方网站

品牌官方网站是商家展示自身品牌和商品的重要平台，商家通过商品短视频来推广、展示自己的商品，从而提升商品的曝光度和品牌形象。品牌官方网站一般会设置专门的视频频道，用于展示商品的功能、特点等。

做一做

步骤一：了解社交媒体上的商品短视频。

访问抖音平台，输入关键词"商品短视频"并搜索，浏览其中的商品短视频，如图 1-1-1 所示。

图 1-1-1　社交媒体上的商品短视频

步骤二：了解电商平台上的商品短视频。

访问淘宝平台，输入关键词并搜索，浏览其中的主图视频，如图 1-1-2 所示。

步骤三：了解视频分享平台上的商品短视频。

访问哔哩哔哩平台，输入关键词并搜索，浏览其中的商品短视频，如图 1-1-3 所示。

图 1-1-2　电商平台上的商品短视频　　　　图 1-1-3　视频分享平台上的商品短视频

步骤四：了解品牌官方网站上的商品短视频。

访问华为官方网站，点击"视频"频道，浏览其中的商品短视频，如图 1-1-4 所示。

图 1-1-4　品牌官方网站上的商品短视频

活动4　商品短视频创作的注意事项

活动描述

了解了商品短视频的概念与作用、常见类型和常见应用渠道，那么在创作商品短视频时需要注意什么呢？接下来学习商品短视频创作的注意事项。

活动实施

做一做

访问淘宝平台，输入关键词并搜索，浏览同款商品的多个主图视频，假设你是买家，你会购买哪一款商品呢？哪些因素影响了你的购买决定呢？请从商品特点是否突出、画面清晰精美度、商品实际效果、优惠是否吸引人、视频时长、是否符合你的需求等方面对比不同主图视频，填写表1-1-6。

表 1-1-6　对比不同主图视频

主图视频（截图）	商品特点是否突出	画面清晰精美度	商品实际效果	优惠是否吸引人	视频时长	是否符合你的需求

学一学

商品短视频创作的注意事项有以下几个方面。

1. 明确目标受众

在创作商品短视频前期，要先了解短视频发布平台受众用户的人群画像，包括用户的年龄、地域、兴趣、特点及购买习惯等，从而针对性地确定商品短视频的风格和内容，使视频更具吸引力。

2. 突出商品的核心卖点、特点

在创作商品短视频时，一定要提前挖掘商品的卖点、特点，了解该商品不同于其他商品的独特之处，明确消费者的痛点，将消费者最关注的内容展示在商品短视频的开始部分，通过与其他同款商品进行对比，充分展示商品内容，增加消费者对商品的兴趣。

3. 突出商品的使用效果

在商品短视频中，可以展示商品的使用场景，增强消费者的代入感，从而促使其下单。

对于功能比较复杂的商品，可以通过人工操作展示商品的使用方法、安装方法、注意事项等，并通过清晰的介绍，让消费者更全面地了解商品，进而安心下单。

4．保证画面的清晰度

在创作商品短视频时，一定要注意画面的质量，保证画面的清晰度，确保画面不会产生变形。同时，视频的音效和背景音乐要与商品相匹配，画面特效和剪辑要流畅，因此，需要采用高质量的摄影设备和专业的剪辑软件。在创作商品短视频时，可以组建团队，通过团队合作的方式，创作出更专业的视频。

5．简单明了

消费者的时间比较宝贵，如果视频内容拖沓、冗长，那么消费者就会失去观看的耐心，因此要将商品短视频的长度控制在几十秒或几分钟以内，要学会精简内容，在最短的时间内，将商品的精华内容展示出来。

6．添加优惠信息

如果商品促销活动比较有吸引力，那么可以将活动内容展示在商品短视频中，让消费者了解该商品的促销活动，从而提高其下单的概率。

7．不断测试和改进

通过观察商品短视频的观看量、点击率和转化率等指标，不断测试和改进商品短视频的效果。根据数据分析和消费者反馈，调整商品短视频的创作策略和技术手段，提高商品短视频的吸引力和影响力。

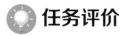 **任务评价**

填写表 1-1-7，完成自评、互评、师评。

表 1-1-7　任务完成情况评价表

序号	评价内容	评价标准	满分分值	自评	互评	师评
1	商品短视频的作用	能够说出商品短视频的作用	25			
2	商品短视频的常见类型	能够找到常见类型的商品短视频	25			
3	商品短视频的常见应用渠道	能够说出商品短视频的常见应用渠道	25			
4	商品短视频创作的注意事项	了解优秀商品短视频的特点及商品短视频创作的注意事项	25			
总评得分	自评×20%+互评×20%+师评×60%=　　　　分					
本次任务总结与反思						

任务实训

实训内容

本次实训以小组为单位，以小组成员的家乡特产为案例，找一找家乡特产短视频的特点、类型、应用渠道及创作的注意事项，归纳总结并填写表 1-1-8。

实训描述

在创作家乡特产短视频之前，应了解家乡特产短视频的大概情况，如短视频拍摄的风格、主要形式、应用渠道、创作的注意事项等，这些内容会为家乡特产短视频的后期创作奠定基础。

实训指南

1. 通过淘宝、拼多多等电商平台搜索家乡特产，观察家乡特产短视频呈现的风格、特点，感受展示方式对商品销售的促进作用。

2. 通过抖音、快手等社交媒体搜索家乡特产，观察家乡特产短视频呈现的风格、特点，感受展示方式对商品销售的促进作用。

实训总结

表 1-1-8　家乡特产短视频

小组名称		组员		组长	
家乡特产名称				原产地	
家乡特产短视频呈现什么风格					
家乡特产短视频呈现效果如何					
家乡特产短视频有什么特点					
短视频展示给家乡特产的销售带来了哪些好处					
总结拍摄家乡特产短视频的注意事项					

任务二 学习商品短视频创作流程

 任务导入

同学们在网上浏览视频时，经常发现许多商品短视频既有丰富的画面特效，又有好听的背景音乐，通过商品短视频的展示，商品变得特别有吸引力，让看到的人恨不得马上下单，那么这些商品短视频是怎么创作出来的呢？商品短视频仅仅依靠自己就可以完成吗，还是组建团队集体创作更好呢？商品短视频创作流程包括哪些步骤呢？

 任务准备

学习目标

1. 组建合作小组，共同解决预学单上的问题。

2. 通过教材、网络等不同途径查阅相关学习资料。

学习过程

1. 学习任务

商品短视频是有其创作流程的，依照流程进行才能做到有条不紊地创作出符合创作者意图的精彩视频。商品短视频创作往往不是一个人完成的，团队合作才能完成一个精彩的视频。搜索资料，了解商品短视频创作团队的分工情况，以及短视频创作应包括哪些步骤和主要工作。

2. 填写预学单

阅读学习任务，查找相关资料，填写表 1-2-1。

表 1-2-1 学习商品短视频创作流程预学单

学习内容					
小组名称		组员		组长	
解决问题 的方法				解决问题 使用的时间	
需要解决的问题					
短视频创作团队包括哪些角色？每个角色的职责是什么					
商品短视频创作流程是什么					
短视频脚本的作用是什么					
视频拍摄环节要完成哪些工作					
视频剪辑环节要完成哪些工作					
存在哪些疑问					

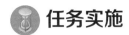 **任务实施**

活动 1　组建商品短视频创作团队

│活动描述│

商品短视频可以独自一人完成，也可以组建团队完成，团队合作创作短视频会达到更好的效果。接下来学习团队成员的分工，并组建商品短视频创作团队。

│活动实施│

学一学

独自创作和团队创作的区别有哪些？

独自创作是指整个创作过程，包括策划、拍摄、剪辑均由一个人独立完成。这种创作方式对个人的要求很高，个人要具有多项技能，如内容策划、文案策划、摄影、剪辑等，必须了解相关拍摄设备和后期剪辑软件的使用方法。优点是自己可以自由决定拍摄风格，涉及的人员较少，在成本和时间上会比较节省。缺点是个人视野较为局限，容易影响拍摄效果，降低短视频的专业度。

团队创作是指将拍摄任务分解，由团队中的多名专业成员各自承担不同的任务，通过分工协作，更好地发挥各自的专长，提高短视频的质量。优点是团队中的成员可以专攻自己擅长的部分，使短视频的质量更高。缺点是需要投入大量的人力和资源。

选择独自创作还是团队创作，要看拍摄的要求及个人的资源和能力。如果时间和预算有限，且个人具备相关技能和资源，那么独自创作是一种可行的方式。如果对视频质量要求较高，且有足够的预算和时间，那么团队创作可能是更好的选择。

做一做

步骤一：了解商品短视频创作团队的角色分工和职责。

访问前程无忧官方网站，搜索短视频策划、短视频摄影师、短视频剪辑师和短视频运营4 个职位，查看每个职位的工作职责和任职资格，归纳总结并填写表 1-2-2。

表 1-2-2　商品短视频创作团队的角色分工和职责

职位	工作职责	任职资格
短视频策划		
短视频摄影师		
短视频剪辑师		
短视频运营		

学一学

团队主导成员包括策划、摄影师、摄影助理、剪辑师和运营人员。

策划：负责统筹短视频拍摄的整体工作，包括确定拍摄主题、带领团队深挖商品卖点、策划拍摄脚本、确定拍摄风格。

摄影师：负责视频片段拍摄，按照脚本的要求，完成商品多角度视频的拍摄。

摄影助理：负责协助摄影师完成拍摄工作，包括商品的摆拍、配合打光、手持展示、功能展示等。

剪辑师：负责短视频后期剪辑工作，并参与整个视频的策划和拍摄阶段，使剪辑更容易达到预期的效果。

运营人员：负责了解短视频平台的运营规则，当短视频创作完成后，将视频发布到平台上并监控数据流量。

做一做

步骤二：组建自己的短视频创作团队，并进行角色分工，填写表 1-2-3。

表 1-2-3　团队角色及分工

角色	姓名	工作职责	备注
团队目标			
团队规范			

活动 2　商品短视频创作步骤

活动描述

在商品短视频拍摄正式开始之前，要先熟悉一下商品短视频的创作步骤，了解创作一个精美的商品短视频要经历哪些阶段，完成哪些工作。

活动实施

学一学

商品短视频拍摄的具体步骤。

1. 准备拍摄设备

在商品短视频拍摄开始前，需要准备商品和拍摄设备，如拍摄用的手机（相机）、平台、灯光、稳定设备等，除此之外，还要布置好拍摄环境和拍摄道具，如背景布、烘托环境的小道具等。

2．策划拍摄脚本

短视频脚本是拍摄过程中的重要内容，它为整个拍摄过程提供了清晰的指导方向，对提高整个创作过程的效率和质量帮助极大。根据前期对商品卖点的挖掘，确定大致的拍摄思路，撰写商品短视频拍摄脚本，表 1-2-4 所示为七巧板商品拍摄脚本，包括镜头顺序、商品卖点、拍摄要求、运镜方式、景别及画面字幕。

表 1-2-4　七巧板商品拍摄脚本

镜头顺序	商品卖点	拍摄要求	运镜方式	景别	画面字幕
1	七巧板的整体展示	将 3 个整体七巧板不规则摆放	从右到左	中景	七巧板-学习专用款
2	七巧板的材质	将积木不规则地摆放在框中	从左到右	近景	七巧板加大加厚更好用
3	七巧板的板块	将积木按大小摆放在框中	从左到右	近景	12 面倒角光滑无倒刺
4	七巧板的尺寸	将七巧板逐渐累积地摆放在画面中	从下到上	近景	尺寸科学，榉木边框
5	七巧板整体多角度	将七巧板完整地摆放在画面中	固定镜头	近景	
6	七巧板的颜色展示	将七巧板整体重叠展开摆放	从左到右	近景	色系全面
7	七巧板板块的多造型	将七巧板摆成动物造型	固定镜头	近景	多达 216 个，七巧板逻辑思维题材
8	七巧板的木盒收纳	将七巧板装回木盒，体现便携	固定镜头	近景	上学必备，细心家长提前准备

3．拍摄视频片段

根据脚本内容进行视频片段拍摄。在拍摄过程中，要注意运用拍摄技巧，对商品卖点进行充分展示。摄影师需按照脚本要求，多角度、多方位地进行试拍，最终确定展现商品卖点的最好方式，拍出清晰、精彩的视频。七巧板商品的部分视频截图如图 1-2-1 所示。

图 1-2-1　七巧板商品的部分视频截图

图 1-2-2 剪辑完成的七巧板视频截图

4．剪辑视频

在视频片段拍摄完成后，需要利用剪辑软件，如剪映，将拍摄的视频片段合成剪辑，利用剪辑软件中的文字、声音、转场、动画、调色等功能，使商品短视频的画面变得更加精美，剪辑完成的七巧板视频截图如图 1-2-2 所示。

扫描二维码观看商品短视频效果。

5．宣传推广

在商品短视频创作完成后，运营人员需将商品短视频发布到多个渠道进行宣传推广，如抖音、快手、视频号等，并随时关注商品短视频的流量、点赞量、转发量、评价等指标，为后期商品短视频的改进、优化提供依据。

任务评价

填写表 1-2-5，完成自评、互评、师评。

表 1-2-5　任务完成情况评价表

序号	评价内容	评价标准	满分分值	自评	互评	师评
1	小组分工	能够按照小组成员的兴趣、特长进行合理分工	20			
2	商品短视频创作流程	能够准确说出商品短视频创作流程	20			
3	商品短视频脚本	能够说出商品短视频脚本的作用	20			
4	商品短视频拍摄	能够说出商品短视频拍摄的主要工作	20			
5	商品短视频剪辑	能够说出商品短视频剪辑的主要工作	20			
总评得分	自评×20%+互评×20%+师评×60%=　　　　分					
本次任务总结与反思						

任务实训

实训内容

本次实训以小组为单位，分析在任务一的任务实训模块中找到的家乡特产短视频的创作流程，归纳总结并填写表1-2-6。

实训描述

创作家乡特产短视频，需要了解短视频的创作过程，如拍摄之前应如何策划、要展示商品的哪些卖点、要拍摄哪些视频片段、如何策划文案。只有文案和视频画面搭配，才能够更好地突出商品卖点。

实训指南

1. 整体浏览一遍家乡特产短视频，大致观察一下短视频由几个片段组成。

2. 细致查看一遍家乡特产短视频，边看边暂停，思考每个片段展示的是商品的什么特点？搭配的文案是什么？画面中使用了哪些特效？创作者策划的思路是什么样的？

实训总结

表 1-2-6　家乡特产短视频创作流程分析

家乡特产名称		原产地	
家乡特产短视频由几个片段组成			
每个片段展示的是商品的什么特点？搭配的文案是什么			
根据视频片段，参考脚本格式，尝试写出家乡特产短视频的脚本			
画面中使用了哪些特效			
创作者策划的思路是什么样的			

 思政园地

镜头的力量：大学生拍摄短视频助力家乡

随着乡村振兴战略的持续推进和短视频技术的迅速发展，涌现了一大批有理想、有抱负、有技能的大学生，他们积极投身乡村建设，将乡村经济发展与短视频平台有机结合，为乡村的发展出谋划策。

大学生运用自身技能优势助力乡村发展的案例层出不穷。

比如，几名大学生前往某个乡村进行拍摄，他们记录了当地的美丽风景，整合素材创作了短视频，并将其发布到了社交媒体上。这些短视频被广泛传播，吸引了很多人的关注和支持。借助短视频的力量，该乡村的旅游资源得到了快速宣传、推广，吸引了许多游客前来参观，乡村经济也得到了显著的发展。

还有一些大学生组建短视频团队，为乡村特色创作了短视频，助力乡村振兴。他们为乡村传统手工艺创作了短视频，展示了手工艺人的技艺和传统工艺的传承。该短视频一经发布，就在各大视频平台上备受关注，引起了很多人对当地手工艺品的支持，提升了当地手工艺品的知名度和销量，为手工艺产业的发展注入了新活力。另外，还有人为乡村当地农产品加工和销售的过程创作了短视频，展示了农产品的丰富种类和加工过程。这些短视频的广泛传播，带动了当地农产品的销售和产值增长，为当地农业经济的发展做出积极贡献。

乡村振兴的关键在于人才和技术，现在迫切需要更多优秀的技术人才扎根基层，投身乡村建设，作为学生的我们，要努力提升技能，树立远大目标，为家乡发展贡献一份力量！

策划商品短视频脚本

项 目 情 境

在数字营销日益盛行的今天，商品短视频成为吸引消费者注意和促进销售的重要手段。商品短视频策划要求创作者深入挖掘商品的独特之处，通过镜头语言和创意剪辑，将商品的特点和优势以直观、有趣的方式呈现给观众。这既需要同学们对商品有深入的了解，又需要有创意和想象力，大家可以自由组队，共同策划、撰写商品短视频脚本，最终将自己家乡的特产完美呈现。

本项目将带领同学们学习如何挖掘商品卖点和策划商品短视频脚本。

知 识 目 标

1. 掌握从不同角度挖掘商品卖点的方法和技巧。

2. 熟悉商品短视频文案和脚本的策划流程。

3. 掌握商品短视频分镜头脚本撰写的方法和技巧。

4. 学会借助 AI 工具撰写商品短视频脚本。

能 力 目 标

1. 通过学习如何挖掘商品卖点，明确家乡特产的卖点。

2. 通过学习如何策划短视频文案，完成家乡特产短视频文案和脚本的编写。

素 养 目 标

1. 通过项目学习，培养学生挖掘、分析和筛选信息的能力。

2. 通过项目学习，培养学生良好的文字表达能力。

3. 通过项目实践，培养学生的逻辑思维能力，确保脚本的规范性和有效性。

项 目 导 图

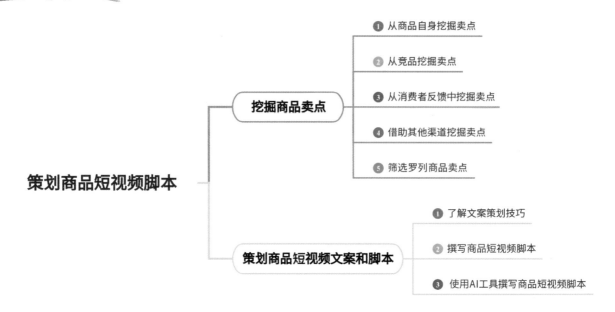

任务一 挖掘商品卖点

任务导入

通过之前的学习，同学们对商品短视频已经十分熟悉了，可是对商品卖点的把握还不是很明确，我们应如何拍摄一件商品，如何凸显商品优势呢？这就需要先学习如何抓住商品卖点。

任务准备

学习目标

1. 组建合作小组，共同解决预学单上的问题。

2. 通过教材、网络等不同途径查阅相关学习资料。

学习过程

1. 学习任务

了解如何从商品自身、竞品、消费者反馈及其他渠道挖掘商品卖点。

2. 填写预学单

阅读学习任务，查找相关资料，填写表 2-1-1。

表 2-1-1　挖掘商品卖点预学单

学习内容					
小组名称		组员		组长	
解决问题 的方法				解决问题 使用的时间	
需要解决的问题					
商品卖点是什么					
可以借助哪些途径来挖掘商品卖点					
哪些商品卖点适合用短视频的形式展示					
存在哪些疑问					

 任务实施

活动 1　从商品自身挖掘卖点

活动描述

全方位了解商品，尽可能从多方面提炼商品信息和商品卖点。

活动实施

学一学

1．什么是商品卖点

商品卖点是指商品具有的、能吸引消费者购买的特色和特点。这些特色和特点，一方面是商品与生俱来的，另一方面是通过营销策划人员的想象力和创造力挖掘出来的。

2．挖掘商品卖点的作用

挖掘商品卖点，就是找到商品的独特之处和优势，吸引消费者的注意，从而提高销售量。通过挖掘商品卖点，可以有效进行市场定位和制定营销策略，帮助企业在竞争激烈的市场中脱颖而出，实现商品的差异化竞争优势。

3．可以提炼的商品卖点

提炼商品卖点要根据商品的具体情况和特点来进行，尽可能做到从多个方面提炼。首先，全面收集商品信息，可以从商品外观、商品功能等方面入手，例如，商品形状、尺寸、结构、材质、成分、包装、标志、说明、效果、口味、容量、操作性能等。然后，将商品信息通过FAB 法则进行卖点提炼。FAB 法则如图 2-1-1 所示。

（1）F（Feature）：属性或功效，即商品的形状、材质、用途等。

（2）A（Advantage）：优点或优势，即自己与竞争对手有何不同。

图 2-1-1　FAB 法则

（3）B（Benefit）：客户利益与价值，即商品或服务的某个优点给客户带来的利益。

做一做

步骤一：收集商品信息。

为了更好地将商品价值传递给消费者，创作者在拍摄前必须对商品进行全面了解。以下是商品辣烤腰果的商品信息表（见表 2-1-2），归纳总结其特点。

表 2-1-2　辣烤腰果的商品信息表

品牌：洽洽	食品口味：辣烤味	产地：安徽省
净含量：40g	保质期：240 天	包装方式：独立包装
包装种类：袋装	生产日期：1 个月内	
商品描述：采用越南香脆腰果，具有异国风味，精挑产地，人工挑选，时光孕育出的美味。越南品质腰果，果形别致，果大饱满，严格配比，均匀拌料，果仁酥脆，丰润不油腻，香辣适口，满嘴生香		

步骤二：根据 FAB 法则提炼商品卖点。

在商品信息中根据 FAB 法则提炼商品卖点，形成辣烤腰果 FAB 法则分析表（见表 2-1-3）。

表 2-1-3　辣烤腰果 FAB 法则分析表

	F（Feature）：从辣烤腰果的商品信息表中可以找到以下几个符合 F（属性或功效）的商品卖点。 1. 采用越南香脆腰果，具有异国风味。 2. 果形别致，果大饱满，果仁酥脆
	A（Advantage）：从辣烤腰果的商品信息表中可以找到以下几个符合 A（优点或优势）的商品卖点。 1. 越南香脆腰果具有异国风味，让消费者体验不同的口味。 2. 精挑产地，人工挑选，时光孕育出的美味，保证了产品的品质和口感。 3. 拌料均匀，香辣适口。 4. 独立包装，拆袋即食，方便携带
	B（Benefit）：从辣烤腰果的商品信息表中可以找到以下几个符合 B（客户利益与价值）的商品卖点。 1. 享受异国风味的口感体验。 2. 丰富的口感和美味享受。 3. 保证了产品的品质和口感

活动2　从竞品挖掘卖点

活动描述

唯有深入了解和研究自身优势和竞品优势，才能在激烈的市场竞争中立于不败之地！对商品而言，竞品既是挑战者，又是启发者。每个商品都有其独特的吸引力，因此，为了打造更具吸引力的营销理念，并清晰地区别于竞品，我们需要积极搜集并深入剖析竞品的市场营销策略和创新概念，包括宣传手法、消费者反馈等各方面的信息。通过对这些信息进行系统分析，我们可以精准定位自己的商品优势，提炼出商品最吸引消费者的卖点。

活动实施

学一学

1. 如何查找竞品

从消费者的角度出发，在淘宝平台中输入与商品相关的热门关键词。热门关键词是指大词（搜索量大、曝光高、流量多等）或与卖点直接相关的词。

比如，想找与"运动无线耳机"相关的商品，那么可以直接输入大词，也可以输入与"运动"卖点相关的词。输入关键词并搜索后，可以根据以下几个标准来筛选商品。

（1）与自家商品在品类、功能、风格等方面相似或相近的商品。

（2）有较高的销量、评分、排名等指标的商品。

（3）有完善的商品详情页、品牌旗舰店、广告等内容的商品。

（4）有较多的消费者评论、问答、反馈等信息的商品。

通过细致研究优秀竞品，深入剖析成功案例，我们不仅可以识别出常见的、备受消费者关注的核心卖点，还可以洞察背后的文案设计技巧，帮助我们挖掘和塑造自家商品的独特价值，优化表达方式，从而在商业竞争中区别于其他同类商品，形成鲜明的市场定位。

2. 如何通过竞品提炼商品卖点

竞品就像是一面"镜子"，通过与竞品对照，可以发现自家商品的优势和劣势，做到扬长避短。在这个过程中，通过观察竞品的商品详情页、品牌旗舰店、广告等内容，获取相关信息，将收集到的商品卖点按照同义词/近义词、卖点实现、使用体验、间接描述进行分类整理。

（1）同义词/近义词：能直接修饰卖点的词或词组。

（2）卖点实现：能从功能、性能、场景、体验等方面体现卖点的表达。

（3）使用体验：卖点给消费者带来的体验、感受等方面的表达。

（4）间接描述：采用联想的方式，让消费者对商品卖点产生联想。

另外，在收集信息时不仅要关注商品短视频，还要关注图片或文案表达；不仅要关注描述商品的文案，还要关注描述品牌的文案。

做一做

以运动无线耳机（见图 2-1-2）为例，通过竞品提炼商品卖点。

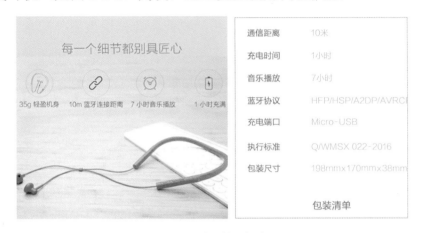

通信距离	10米
充电时间	1小时
音乐播放	7小时
蓝牙协议	HFP/HSP/A2DP/AVRCI
充电端口	Micro-USB
执行标准	Q/WMSX 022-2016
包装尺寸	198mm×170mm×38mm

包装清单

图 2-1-2　运动无线耳机商品图

步骤一：在淘宝平台搜索"运动无线耳机"，根据竞品筛选标准筛选优秀的竞品，如图 2-1-3 所示。

图 2-1-3　某品牌的运动无线耳机

步骤二：归纳总结竞品的卖点关键词，形成自家商品的卖点关键词。从竞品的卖点关键词中挑选适合自家商品的表达，或者根据自家商品的特点，对竞品的卖点关键词进行修改或扩展，从而形成自家商品的卖点关键词。运动无线耳机分析表如表 2-1-4 所示。

表 2-1-4 运动无线耳机分析表

运动无线耳机	同义词/近义词	在描述商品卖点时，对于 35g 轻重量，可以进行同义词替换，如用轻便、轻盈机身等词来代替
	卖点实现	对于无线的卖点，可以提炼为摆脱有线束缚；对于通信距离可达 10m 的卖点，可以提炼为具有良好的稳定性
	使用体验	对于长达 7 小时音乐播放的使用体验，可以描述为超大续航、随时随地享受音乐
	间接描述	对于"运动"一词，可以间接性地描述为活力四射、动感十足；对于"无线"一词，可以间接性地描述为科技感满满

活动3 从消费者反馈中挖掘卖点

活动描述

正确合理地解读评论、处理评论是卖家的必备技能。评论是消费者最真实的反馈，通过对评论进行分析，挖掘消费者痛点，之后以此为依据提高商品短视频的转化率。那么，如何从评论中寻找消费者诉求，从而挖掘商品卖点呢？

学一学

如何从消费者反馈中挖掘卖点？

1．收集消费者反馈和评价

商品评价/客服咨询可以真实地反映消费者的需求和对商品的要求。收集并分析自家商品或同类型商品的消费者评价，统计高频词、关注点，并以此为自家商品的卖点。此外，也可以关注差评，根据差评优化商品，并将优化的内容作为卖点。还可以收集客服与消费者的聊天记录，从中提取消费者的需求。例如，消费者购买前所咨询的问题能在很大程度上反映他的需求和顾虑，在售后服务中消费者向客服所反馈的问题同样是优化商品卖点的重点。

2．数据筛选和分类

去除无关或重复的反馈，将反馈内容按照主题或关键词进行分类。

3．分析关键信息

对满意关键词根据优先级进行排序，分析消费者对商品满意的地方。

4．确定商品卖点

根据消费者反馈中的正面评价，确定商品的优点和独特之处；根据消费者反馈中的负面评价，考虑如何改进商品或提供额外的服务。

做一做

以运动鞋为例，根据消费者购买后的商品评价（见图 2-1-4）提炼商品卖点。

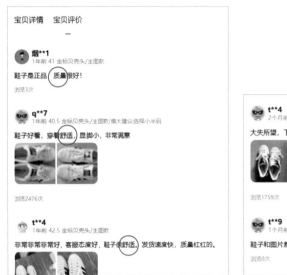

图 2-1-4　运动鞋商品评价图

步骤一：通过商品评价和反馈，统计高频词和关注点，按频率排序为：鞋子穿着舒不舒服→质量是不是好→样子是不是好看→产品的性价比如何→快递物流速度如何→穿着是不是好看。

步骤二：去除重复词，最终留下舒适、质量好、好看 3 个关键词。

步骤三：从评价数量来看，消费者对这款鞋子最满意的地方就是鞋子穿起来很舒服。

步骤四：对于不满意的地方，需要看消费者是怎么描述的。例如，通过观察分析发现，消费者对质量不满是因为鞋子出现了开胶的情况，因此可以借助视频向消费者展示鞋子的质量，包括鞋面和鞋底连接位置的牢固程度。这样会打消一部分消费者因担心质量问题而不敢下单的顾虑。之后，找出在消费者反馈中被频繁提及的关键词，同时要注意消费者在评价中使用的情感词汇和描述性词汇。

最终在优化商品卖点时，应该放大"舒适"这一关键点。在商品短视频中要突出鞋子穿在脚上很舒适的卖点，之后从材质选择、设计思路、款式优化等方面介绍这款鞋子穿在脚上的感觉。这样消费者在看完商品短视频后就可以知道这款鞋子的卖点是穿着舒服，在看到评论区中都是这样的评价后，就会从心里认同这个卖点，进而产生购买行为。

案例分析

在市面上的一款智能手环的消费者反馈和评价中，以下几个关键点被频繁提及。智能手环评价表如表 2-1-5 所示。

表 2-1-5 智能手环评价表

正面评价	1. 智能手环的睡眠质量监测功能准确。 2. 有助于调整生活习惯。 3. 智能手环的续航能力出色。 4. 充电一次可以使用多日
负面评价	1. 手环的操作界面不够直观，新用户需要一段时间适应。 2. 部分用户反映手环的表带容易松动

根据上述评价，可以挖掘出以下卖点。

1. 强调手环的睡眠质量监测功能，突出其对健康生活的帮助。

2. 突出手环的续航能力，适合需要长时间使用或经常忘记充电的用户。

同时，针对负面评价，我们可以考虑进行以下优化。

1. 优化手环的操作界面，使其更加直观、易用。

2. 提供更牢固的表带，或者提供表带固定的教程。

从消费者反馈和评价中挖掘商品卖点，可以更好地了解消费者的需求和期望，为商品改进和市场营销提供有力支持。通过持续的数据收集和分析，可以不断优化商品和服务，以满足消费者不断变化的需求。

活动 4 借助其他渠道挖掘卖点

活动描述

学习如何借助互联网从不同渠道中挖掘商品卖点。随着互联网的发展，人们获取信息的方式已经更偏向于网络，我们可以利用网络获取更为全面的商品信息，并从中挖掘商品卖点。

学一学

那么，我们可以借助哪些渠道挖掘商品卖点呢？

1. 使用搜索引擎进行关键词搜索

搜索引擎是一个可以为用户的需求和问题提供解决方案的平台。一方面，用户可以通过搜索引擎在互联网中寻找自己感兴趣的商品或服务；另一方面，品牌方需要被更多的人知晓，它会寻找途径将自己的商品或服务展示给目标用户，促使其产生购买行为，进而产生经济效益。

在搜索引擎中输入关键词进行信息检索时，如在百度、谷歌等搜索引擎中输入关键词（品牌、商品名称、功能特效等），可以仔细分析搜索引擎返回的内容，特别是排名靠前的内容。这些内容中通常包含商品的独特功能、使用效果、评价等，这些信息可以帮助商家了解商品的市场需求和潜在卖点。

2. 通过市场调研明确受众目标

不同的商品有不同的潜在消费群体，因此必须对用户进行分析。通过市场调研对用户进行细分，可以了解其购买需求及行为特征，构建目标群体画像，确定受众目标的年龄、性别、地域、收入等关键特征。

3. 借助行业资讯挖掘商品卖点

搜索与商品相关的行业资讯、专家文章、研究报告等，了解行业的发展趋势、技术创新和市场需求，这些信息可以帮助商家发现新的卖点，或者从更高的角度阐述商品价值。

4. 利用社交媒体挖掘商品卖点

社交媒体也是挖掘商品卖点的好地方，可以在微博、抖音、快手、小红书等平台上搜索与商品相关的主题，看看人们在谈论什么，他们对什么感兴趣，并根据这些兴趣点来挖掘自家商品的卖点。

| 做一做 |

以小组为单位，在搜索引擎中搜索关键词"学习文具"，在搜索结果中选择一件感兴趣的商品作为分析对象，借助市场调研、行业资讯、社交媒体等渠道，收集商品信息并挖掘其卖点，归纳总结并填写表 2-1-6。

表 2-1-6　商品信息表

商品名称	商品信息		目标用户特征
	独特功能分析	使用效果分析	
卖点提炼：			

活动 5　筛选罗列商品卖点

| 活动描述 |

通过对前面内容的学习，同学们基本掌握了挖掘商品卖点的方法和技巧，顺利挖掘出了

许多商品卖点，相信同学们已经迫不及待地想在商品短视频中展现啦！但是，商品卖点不可太过冗余，想要将所有的商品卖点通过一个短视频全部展示出来是不可能的，还需要对挖掘出的商品卖点进行整理、筛选。

做一做

我们可以根据以下方法进行商品卖点整理。

步骤一：挖掘商品卖点。

根据之前所学的挖掘商品卖点的方法，将商品卖点全面挖掘出来并记录。

以手机壳（见图 2-1-5）为例挖掘商品卖点。手机壳卖点记录表如表 2-1-7 所示。

图 2-1-5　手机壳商品图

表 2-1-7　手机壳卖点记录表

手机壳			
商品本身	从竞品挖掘	消费者反馈	其他渠道
4 种颜色边框			
塑胶软壳不伤机			
透明至隐形	优选材质	轻薄	简约
上乘材质	全包裹	手感好	大气
纤薄不发黄	耐撞击	松紧度正好	经典
边框爆摔不坏	抗压	感觉很高端	商务感
可弯折	耐磨损	物流速度快	原机设计感
裸机手感	不变形	包装无破损	良好的包裹性
紧密包裹			
隐形气囊设计			

步骤二：整理商品卖点。

1. 删除重复和意思相近的卖点或主观性词语，例如，边框爆摔不坏与耐撞击意思相近，保留其中一个即可；经典和手感好这些主观性词语需删除。

2. 选出适合在商品短视频中展示的卖点，如 4 种颜色边框、可弯折、透明至隐形等特点。而纤维不发黄、裸机手感等特点不适合在商品短视频中直观展示，需要将其删除。

步骤三：给商品卖点排序。

深入思考哪些卖点是消费者对商品的功能性需求及情感需求，将最符合消费者需求的卖点放在前面，如边框爆摔不坏等。

步骤四：将整理出的商品卖点按顺序排列（见表 2-1-8），为后续商品短视频拍摄的文案和脚本编写做准备。

表 2-1-8　排列挖掘出的商品卖点

手机壳			
商品本身	从竞品挖掘	消费者反馈	其他渠道
边框爆摔不坏 4 种颜色边框 塑胶软壳不伤机 透明至隐形 隐形气囊设计	全包裹	轻薄	简约 大气

任务评价

填写表 2-1-9，完成自评、互评、师评。

表 2-1-9　任务完成情况评价表

序号	评价内容	评价标准	满分分值	自评	互评	师评
1	从商品自身挖掘卖点	能够运用 FAB 法则挖掘商品卖点	20			
2	从竞品挖掘卖点	能够通过竞品挖掘商品卖点	20			
3	从消费者反馈中挖掘卖点	能够收集消费者反馈并从中挖掘商品卖点	20			
4	借助其他渠道挖掘卖点	能够借助搜索引擎进行消费者分析并挖掘卖点	20			
5	筛选罗列商品卖点	能够筛选出最适合在自家商品短视频中展示的卖点	20			
总评得分	自评×20%+互评×20%+师评×60%= 　　　分					
本次任务总结与反思						

任务实训

实训内容

本次实训以小组为单位，选择一款家乡的特产，结合商品卖点挖掘的方法与技巧，对其进行商品卖点挖掘，归纳总结并填写表2-1-10。

实训描述

要想对家乡特产进行卖点挖掘，就需要对其进行深入了解，包括商品种类、制作工艺、历史渊源、文化特色等方面。确认展示的卖点，以及哪些卖点是可以通过商品短视频的形式直观表现出来的，同时为后续的商品短视频文案编写做准备。

实训指南

1. 可分为若干个小组，每个小组3～5人，指定小组负责人，负责协调团队工作。

2. 每个小组选择一款家乡的代表性特产，可以是食品、手工艺品或非物质文化遗产等，并提供关于家乡特产的基本信息，如历史渊源、制作工艺、地域特色等。

3. 分析家乡特产的特性，如功能、质量、设计、使用体验等，填写表格，详细记录其在每个方面的优势。

4. 收集并比较同类商品的信息，了解竞品的卖点和市场定位，通过对比分析，找出自家特产的竞争优势和差异化特点。

5. 调查目标消费者对特产的认知和评价，收集消费者评论、社交媒体反馈等内容，总结消费者的喜好、需求。

6. 查阅行业报告、专业文章或媒体报道，获取专家的观点和市场趋势，分析行业发展趋势，为特产卖点定位提供依据。

7. 根据以上信息，整理出最具吸引力的卖点，并进行逻辑关联和排序。

实训总结

表 2-1-10　家乡特产卖点总结表

小组名称		组员		组长	
家乡特产名称				原产地	
从家乡特产自身挖掘卖点					
从竞品挖掘卖点					
从消费者反馈中挖掘卖点					
借助其他渠道挖掘卖点					
筛选罗列家乡特产的卖点					

任务二 策划商品短视频文案和脚本

任务导入

通过对本项目中任务一的学习，同学们已经掌握了挖掘商品卖点的途径和方法，那么如何将挖掘出的卖点通过商品短视频的形式展现出来呢？这就需要影响商品短视频推广效果的另一重要因素——文案发挥作用。

任务准备

学习目标

1. 组建合作小组，共同解决预学单上的问题。
2. 了解撰写商品短视频脚本的方法和技巧。
3. 了解如何使用 AI 工具撰写商品短视频脚本。

学习过程

1. 学习任务

了解策划商品短视频文案的技巧和撰写商品短视频脚本的方法。

2. 填写预学单

阅读学习任务，查找相关资料，填写表 2-2-1。

表 2-2-1　策划商品短视频文案和脚本预学单

学习内容						
小组名称		组员			组长	
解决问题 的方法					解决问题 使用的时间	
需要解决的问题						
商品短视频文案是什么						
商品短视频脚本是什么						
商品短视频脚本需要包含哪些内容						
存在哪些疑问						

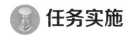 **任务实施**

活动 1　了解文案策划技巧

活动描述

了解什么是商品短视频文案，文案策划需要掌握哪些技巧。

活动实施

学一学

1．什么是商品短视频文案

商品短视频文案通常包含商品短视频中所需要的描述性内容，主要目的是配合商品短视频展示商品的特点、功能、优势，吸引消费者的注意。商品短视频文案通常是一段简洁但具有吸引力的文字，能突出商品的特色，强调其独特之处，促使消费者产生购买欲。在常见的商品短视频文案中，一般包括商品名称、关键特点、使用场景、价格、优惠等信息。

2．商品短视频文案策划技巧

商品短视频的主要作用是展示商品的核心卖点，但由于商品短视频受时长限制，所以在策划文案时需要注意以下几点。

（1）简洁明了：文案需要尽可能地简洁明了，用简短有力的语言传达信息，应避免使用冗长的句子和生僻的词汇。

（2）突出重点：文案需要明确核心信息或商品卖点，确保消费者在看到商品短视频后可以迅速抓住重点。

（3）生动有趣：通过幽默、夸张或情感丰富的语言，增强文案的吸引力。同时，对具体的细节和场景进行描述，使消费者更容易产生共鸣。

（4）量化数据展示：通过具体的数据或事实来增强文案的说服力。

（5）引导消费：文案需要具有购买引导性，可以通过限时促销、优惠等字眼吸引消费者。

（6）与视频内容配合：文案需要与视频内容相呼应，形成统一的视觉传达效果，增强整体宣传效果。

做一做

以小组为单位，为智能手环策划商品短视频文案。智能手环商品介绍如表 2-2-2 所示。

表 2-2-2　智能手环商品介绍

商品介绍	
 智能手环	1．这款智能手环，集健康监测、运动记录、智能提醒于一身。 2．屏幕可视面积增加 25%，看屏幕更轻松，326ppi 高清显示，让每个画面都清晰呈现。 3．24 小时不间断健康监测，精准记录步数、心率、卡路里消耗等数据。 4．支持多种运动模式，支持 50 米防水。 5．具有来电提醒、信息推送、久坐提醒等功能

步骤一：简洁明了。

例如，"屏幕可视面积增加 25%，看屏幕更轻松，326ppi 高清显示，让每个画面都清晰呈现。"可以提炼为大屏幕，更醒目！

步骤二：突出重点。

在商品介绍中，可以看出这款智能手环的核心卖点是"24 小时不间断健康监测，精准记录步数、心率、卡路里消耗等数据""支持多种运动模式"，在商品短视频中要着重将这 3 个核心卖点展示出来，同时在策划文案时，也要根据商品短视频突出这 3 个卖点。

步骤三：生动有趣。

在商品的核心卖点中注入情感。例如，"24 小时不间断健康监测"可以改写为"24 小时全天候守护，无论是心率、血压还是睡眠质量，都能为您提供精准的分析数据，让您随时了解自己的身体状况"，"支持多种运动模式"可以改写为"内置多种运动模式，无论是跑步、游泳还是健身，都能为您记录每一步的汗水与努力，帮助您更好地制订运动计划"。

步骤四：量化数据展示。

在商品介绍中，"24 小时不间断健康监测""支持 50 米防水""屏幕可视面积增加 25%"等卖点可以使用数据展示，针对"支持多种运动模式"可以列举具体的运动模式。

步骤五：引导消费。

在商品短视频中可以加入"全国联保""限时优惠"等文案，引导消费者购买。

步骤六：与视频内容配合。

例如，在训练效果分析展示时，文案要与商品短视频中的画面相互呼应。训练效果分析视频截图如图 2-2-1 所示。

图 2-2-1　训练效果分析视频截图

活动 2　撰写商品短视频脚本

活动描述

了解什么是商品短视频脚本，学习撰写商品短视频脚本的方法，并撰写完整的商品短视频脚本。

学一学

什么是商品短视频脚本？

商品短视频脚本是拍摄商品短视频时所依据的大纲文件。在拍摄之前，需要在脚本文件中确定商品短视频的整体框架和拍摄计划，以便工作人员进行商品短视频拍摄和创作。所有参与商品短视频拍摄、创作的人员，包括摄影师、道具、后期剪辑师，他们所做的所有工作都要依照商品短视频脚本。

好的商品短视频脚本能够指导拍摄和创作工作，使其更加有条理和高效，同时能够保证商品短视频的内容质量和完成度。在实际撰写脚本时，可以按照 3 个步骤进行：首先构建脚本框架，然后添加文案内容，最后形成分镜头脚本。这 3 个步骤从整体到部分，逐步细化，最终形成完整的脚本内容。

做一做

以直液式走珠笔（见图 2-2-2）为例，完成商品短视频脚本的撰写。

步骤一：构建脚本框架。

构建一个其中包含时间、场景、参与人员、注意事项等内容的脚本框架。脚本主要对拍摄中的各环节起到提示作用，以减少拍摄中不可预见的因素。

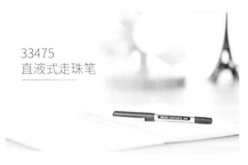

33475
直液式走珠笔

图 2-2-2　直液式走珠笔

直液式走珠笔拍摄脚本如表 2-2-3 所示。

表 2-2-3　直液式走珠笔拍摄脚本

视频名称	直液式走珠笔展示
参与角色	一名摄像师、一名展示演员
拍摄时间	5 月 28 日
拍摄地点	1 号拍摄台
镜头 1	开场画面展示
场景 1	文具展示
镜头 2	50 支大包装，摆放在拍摄台上
场景 2	卖点展示
镜头 3	0.5mm 子弹头
镜头 4	演员书写展示直液式走珠笔的流畅度

步骤二：添加文案内容。

在脚本的基础上进行文案策划，在脚本中添加文案，文案主要是对整个商品短视频中剧情、卖点的文字描述。由于商品短视频区别于影视作品，往往不需要剧本，所以商品短视频中的文案更多的是出镜的人或物的台词，或者是对商品的基本介绍，以直液式走珠笔的场景 1 文具展示、场景 2 卖点展示为例，对其添加文案内容。直液式走珠笔商品短视频截图如图 2-2-3 所示，其文案脚本如表 2-2-4 所示。

图 2-2-3　直液式走珠笔商品短视频截图

表 2-2-4　直液式走珠笔文案脚本

视频名称	直液式走珠笔展示
场景 1	文具展示
背景音乐	轻松欢快
镜头 1 文案	直液式走珠笔
镜头 2 文案	50 支大包装轻松满足日常所需

视频名称	直液式走珠笔展示
场景 2	卖点展示
镜头 3 文案	0.5mm 子弹头，精钢笔珠
镜头 4 文案	直液式供墨，油墨稳定，出墨顺畅，不溢墨

步骤三：形成分镜头脚本。

分镜头脚本是将文字转化为可以用镜头直接表现的画面。通常，分镜头脚本包括画面内容、景别、拍摄技巧、应用特效、时间、音效、灯光等。通常情况下，分镜头脚本会编写得十分细致，需要包含每个镜头的时长、细节等。以直液式走珠笔的场景 2 卖点展示为例形成分镜头脚本。直液式走珠笔分镜头脚本如表 2-2-5 所示。

表 2-2-5　直液式走珠笔分镜头脚本

视频名称	直液式走珠笔展示
场景 2	卖点展示
镜头 3	展示 0.5mm 子弹头
片段时长	3 秒
设置道具	拍摄台、笔记本、直液式走珠笔、其他环境道具
摄像机动作	开始时是一个近景，首先展示直液式走珠笔和笔记本，然后推进特写展示笔尖
背景音乐	轻松欢快
镜头转场	平移过渡至下一个镜头
镜头 4	展示书写时笔墨的流畅性
片段时长	8 秒
设置道具	书桌、直液式走珠笔、笔记本、其他环境道具
动作指示	人物拿起直液式走珠笔，开始书写
摄像机动作	从侧面捕捉书写镜头，逐渐拉近特写
角色动作	人物手握直液式走珠笔，书写文字

在日常创作中，商品短视频脚本还可以制作成表格的形式，如表 2-2-6 所示，以镜头 1、镜头 2 为例进行展示。

表 2-2-6　商品短视频脚本模板

分镜头号	场景	景别	拍摄方法	画面	文案	背景音乐	时长
镜头 1	开场画面	近景	斜 45° 拍摄	打开笔记本将一支直液式走珠笔放在笔记本上	直液式走珠笔	轻松欢快	3 秒
镜头 2	50 支包装展示	近景	俯拍	将 50 支笔摆成一个圈	50 支大包装轻松满足日常所需	轻松欢快	2 秒

做一做

以小组为单位，为羊皮笔记本（见图 2-2-4）撰写商品短视频脚本，填写表 2-2-7。

图 2-2-4　羊皮笔记本

表 2-2-7　羊皮笔记本商品短视频脚本

分镜头号	场景	景别	拍摄方法	画面	文案	背景音乐	时长
镜头 1							
镜头 2							

活动 3　使用 AI 工具撰写商品短视频脚本

活动描述

学习使用 AI 工具撰写商品短视频脚本。

学一学

如何使用 AI 工具撰写商品短视频脚本呢？

AI 作为目前极为流行的对话工具，在策划商品短视频文案和撰写商品短视频脚本时也被大量应用。创作者只需输入对文案、剧情的要求，AI 工具就能自动生成对应的文案，并以此文案为基础生成剧情脚本。在 AI 工具中输入的要求越细致，生成的文案就越精确。

使用 AI 工具撰写商品短视频脚本能够帮助我们提高效率、激发灵感。AI 工具是基于数据分析的，它撰写的商品短视频脚本符合用户需求，能够优化语言、降低成本、提供创意等。但在使用 AI 工具撰写商品短视频脚本时，要审查、核实脚本内容，以防出现错误，同时要注意版权问题，尊重原创。要避免脚本内容生硬、模式化，需结合实际拍摄条件，进行多轮优化。

做一做

使用 AI 工具撰写商品短视频脚本的具体步骤如下（以百度 AI 文心一言为例）。

步骤一：在百度中搜索文心一言，进入首页后单击"开始体验"按钮。文心一言首页（以本书编写时的界面进行呈现，下同）如图 2-2-5 所示。

图 2-2-5 文心一言首页

步骤二：单击"更多"按钮，进入"一言百宝箱"界面，在"场景"模块下找到"视频脚本创作"功能并使用，如图 2-2-6 和图 2-2-7 所示。

图 2-2-6 单击"更多"按钮

图 2-2-7　找到"视频脚本创作"功能并使用

步骤三：在文本框中输入对要撰写的商品短视频脚本的要求，如拍摄"羊皮笔记本"脚本（见图 2-2-8），文心一言生成的脚本内容如图 2-2-9 所示。

步骤四：将文心一言生成的脚本进行优化，完成最终详细的商品短视频脚本。

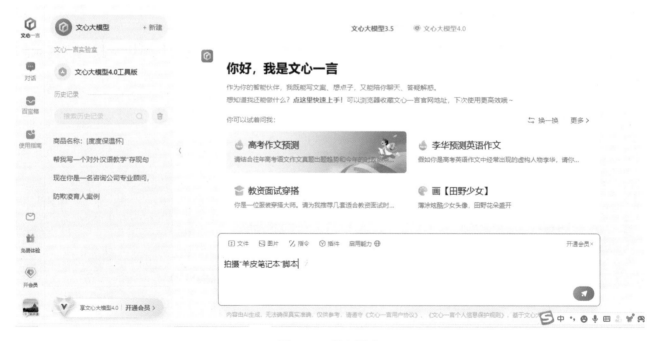

图 2-2-8　输入要求

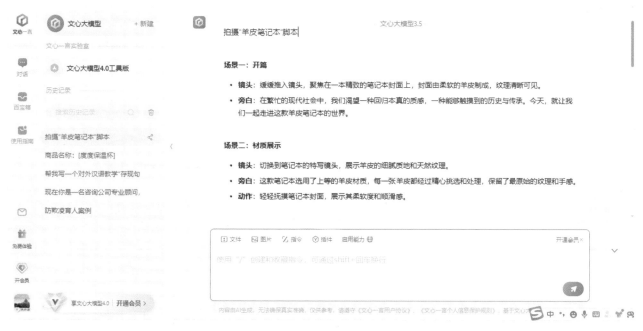

图 2-2-9 文心一言生成的脚本内容

任务评价

填写表 2-2-8，完成自评、互评、师评。

表 2-2-8 任务完成情况评价表

序号	评价内容	评价标准	满分分值	自评	互评	师评
1	商品短视频文案策划技巧	能够按照方法和技巧策划短视频文案	30			
2	撰写完整的商品短视频脚本	能够按照方法和技巧撰写完整的商品短视频脚本	40			
3	使用 AI 工具撰写商品短视频脚本	能够使用 AI 工具撰写完整的商品短视频脚本	30			
总评得分	自评×20%+互评×20%+师评×60%= 分					
本次任务总结与反思						

任务实训

实训内容

本次实训以小组为单位，根据任务一的任务实训模块中已经挖掘出来的家乡特产的卖点撰写商品短视频脚本，归纳总结并填写表 2-2-9。

实训描述

哪些卖点是可以通过商品短视频的形式直观表现出来的？展示这些卖点需要拍摄哪些镜头，策划怎样的文案？撰写家乡特产短视频脚本，搭配文案与视频画面更好地突出家乡特产卖点。

实训指南

需要展示哪些卖点？需要几个镜头来展示？这些镜头需要搭配怎样的文案？

实训总结

表 2-2-9　家乡特产短视频脚本

家乡特产名称						原产地		
人员安排								
分镜头号	场景	景别	拍摄方法	画面	文案	背景音乐	音效	时长
镜头 1								
镜头 2								

 思政园地

短视频中的真实与诚信

在数字化浪潮中，短视频凭借直观、生动的表现形式迅速占领了网络高地。然而，随着其影响力的扩大，短视频的真实性和创作者的诚信变得愈发重要。坚守真实与诚信，不仅是对网络环境的维护，更是对个人品格的锤炼。

那么，在创作短视频时应如何展现自己的真实面貌，维护自己的信誉呢？

1．内容真实性

（1）内容来源：短视频内容应基于真实的生活经历、生活体验或社会事件，避免虚构或夸大事实，确保信息的准确性。

（2）素材处理：在短视频创作过程中，应避免过度剪辑或使用特效来扭曲事实。虽然视频剪辑可以增强观感，但是不应篡改内容导致真实性受损。

（3）事实核查：对于可能涉及争议或敏感话题的短视频，应进行事实核查，以确保表达的观点和传达的信息有可靠来源。

2．讲求诚信

（1）原创性：应尊重他人的知识产权，确保所发布的短视频为原创或已获得授权，不可抄袭或盗用他人作品。

（2）透明性：应清晰、准确地表达自身观点、传达信息，不应故意隐瞒重要信息或误导观众。

（3）诚信宣传：如果短视频涉及商业推广或宣传，则应遵守诚信原则，不夸大商品效果或隐瞒商品缺点。

真实性是短视频的灵魂，诚信不仅是道德要求，更是行业发展的基石。真实性和诚信在短视频领域中有着不可动摇的地位。在创作短视频时，应以身作则，用真实、诚信的短视频作品塑造一个健康、积极的网络环境。

准备商品短视频拍摄设备

在李老师专业而富有激情的引导下，同学们已经掌握了商品短视频脚本的撰写方法。随着课程的深入，同学们需要按照脚本进行拍摄，将商品特点完美地展示出来。现在，大家都怀着既兴奋又紧张的心情面对拍摄家乡特产短视频的新挑战。"工欲善其事，必先利其器"，这句话在短视频的创作过程中显得尤为重要。要想更好地展现家乡特产的独特魅力，合适的拍摄设备必不可少。然而，面对种类繁多的摄影器材，同学们有些迷茫，不知道该如何选择才能既满足拍摄需求又经济实惠。

本项目将带领同学们认识商品短视频拍摄的基本设备、拍摄参数，以及拍摄需要用到的辅助设备。

1. 认识并了解商品短视频拍摄的基本设备。
2. 掌握调整设备参数的一般步骤。
3. 认识并了解拍摄商品短视频所需的辅助设备。

1. 根据商品短视频的拍摄需求，选择合适的拍摄设备。
2. 设置商品短视频拍摄设备的参数，以满足不同的拍摄需求。
3. 根据商品短视频的拍摄需求，选择合适的辅助设备。

1. 通过对比设备参数，培养学生对比信息的能力，提高其观察力。
2. 通过小组合作学习，培养学生的多元视角及合作分析的能力。

项 目 导 图

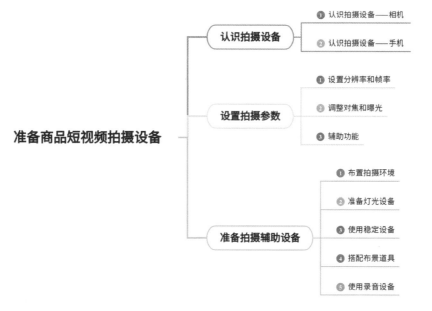

任务一　认识拍摄设备

 任务导入

通过对前面内容的学习，同学们已经对商品短视频有了初步的认识，掌握了相关的基础知识，接下来需要挑选合适的拍摄设备。拍摄设备是根据团队财务状况和拍摄需求来选择的，对大多数人来说，性价比越高、操作越简单越好，此时，一部手机就可以满足要求。但如果想获得更优质的画面，则可以选择相机，因为相机具备丰富的手动控制功能，如光圈、快门、感光度等，还可以搭配附件拓展拍摄能力。

任务准备

学习目标

1．组建合作小组，共同解决预学单上的问题。

2．通过教材、网络等不同途径查阅相关学习资料。

学习过程

1. 学习任务

认识并了解商品短视频拍摄的基本设备，掌握参数设置的方法，并根据不同的视频拍摄需求准确选择不同的拍摄设备。

2．填写预学单

阅读学习任务，查找相关资料，填写表 3-1-1。

表 3-1-1　认识拍摄设备预学单

学习内容				
小组名称		组员	组长	
解决问题 的方法			解决问题 使用的时间	
需要解决的问题				
在选择拍摄设备时，应考虑哪些因素				
常见的用于拍摄商品短视频的相机品牌有哪些				
相机的主要性能参数有哪些				
常见的用于拍摄商品短视频的手机品牌有哪些				
手机的主要性能参数有哪些				

 任务实施

活动 1　认识拍摄设备——相机

活动描述

　　在选择适合拍摄商品短视频的相机时，首先需要深入了解当前市场上流行的各品牌的相机及其特点。随后，结合具体的拍摄需求和预算，挑选出最符合拍摄需求的相机型号。这一过程不仅涉及对相机性能的了解，还包括对其适用场景的考量，应确保所选相机能充分满足商品短视频的拍摄需求。

活动实施

学一学

用相机拍摄商品短视频的优势

　　相机在拍摄商品短视频方面具有高画质成像能力，以及镜头多样性、耐用性、可靠性、专业性和扩展性等多方面的优势。这些优势使得相机成了许多专业摄影师和视频创作人员的首选拍摄工具。无论是在影像质量、创意表达还是在工作流程上，相机都能够满足高标准要求。

做一做

　　步骤一：了解目前市场上适合拍摄商品短视频的相机有哪些。

　　访问淘宝平台，输入关键词"相机"，浏览相机商品，了解相机的特点。

　　步骤二：了解相机在拍摄商品短视频时涉及的参数。

访问淘宝平台，输入关键词"相机"，在筛选功能（见图 3-1-1）中了解相机的主要参数，填写表 3-1-2。

图 3-1-1 输入关键词并选择筛选功能

表 3-1-2 相机的主要参数

相机品牌及型号	图像传感器	像素	镜头	对焦模式	光学变焦	感光度（ISO）	防抖性能	电池续航

学一学

在拍摄商品短视频时，选择一款合适的相机至关重要。相机通常具备较大的传感器和高质量的镜头，能够拍摄出高分辨率、高动态范围的视频，使画面更加清晰、细腻，色彩更加真实、丰富。目前市场上比较流行的、适合拍摄商品短视频的相机品牌有以下几种。

1．佳能（Canon）：佳能是相机领域的知名品牌，其相机在拍摄商品短视频方面表现出色。佳能相机通常具有良好的色彩还原度，能够快速、准确地对焦，适合捕捉商品的细节和质感。此外，佳能还具有多种型号的相机，可以满足不同的预算和拍摄需求。佳能 EOS R10 如图 3-1-2 所示。

2．索尼（SONY）：索尼在相机领域享有盛誉，其相机在拍摄商品短视频方面同样表现出色。索尼相机通常具有高分辨率和低噪点的特点，能捕捉商品的细腻纹理和色彩。此外，索尼相机还具备出色的低光性能，适合在光线较暗的环境下拍摄。索尼 ZV-1 如图 3-1-3 所示。

图 3-1-2　佳能 EOS R10

图 3-1-3　索尼 ZV-1

3. 尼康（Nikon）：尼康同样是相机领域的知名品牌，其相机在拍摄商品短视频方面同样有很好的表现。尼康相机通常具有优秀的图像质量和良好的易用性，更适合初学者使用。此外，尼康还提供了一些专门用于拍摄商品的镜头和配件，方便用户更好地拍摄视频。尼康 Z30 如图 3-1-4 所示。

图 3-1-4　尼康 Z30

除了上述品牌，还有一些其他品牌，如富士（FUJIFILM）、奥林巴斯（OLYMPUS）等，这些品牌也提供了适合拍摄商品短视频的相机。

需要注意的是，选择相机时不仅要考虑品牌，还要考虑相机的型号、规格和性能，以确保其适合拍摄商品短视频。此外，还需要考虑相机的价格、易用性和便携性等因素。在选择相机时，建议根据拍摄需求和预算进行综合考量，选出最适合的相机品牌和型号。

活动 2　认识拍摄设备——手机

活动描述

手机具备轻巧便携的优势，可随时随地捕捉精彩瞬间。手机的操作简单便捷，可轻松上手，并且具备丰富多样的功能，同样能够创作出高质量的商品短视频。了解不同品牌手机的拍摄优势及相应的参数设置是十分必要的。

学一学

使用手机拍摄商品短视频的优势

与专业的拍摄设备相比，手机的价格相对较低，即使是预算有限的用户也能购买到性价比高的手机。手机的轻巧设计使得用户能够随时随地拍摄视频，相较于传统的拍摄设备，手机的便携性大大提高了捕捉生活中的精彩瞬间的概率，它在视频拍摄方面展现出的巨大潜力和便利性，不仅改变了人们记录生活的方式，也为商品短视频创作带来了更多的可能性。手机的操作界面通常直观、易用，用户可以快速掌握操作方法，无须经过复杂的学习过程就可以开始拍摄和编辑商品短视频。手机通常内置与社交媒体的接口，使得拍摄、编辑后的商品短视频可以直接发布到社交媒体上，省去了中间传输的步骤。许多商品短视频创作者都选择使用手机拍摄，效果如图 3-1-5 所示。

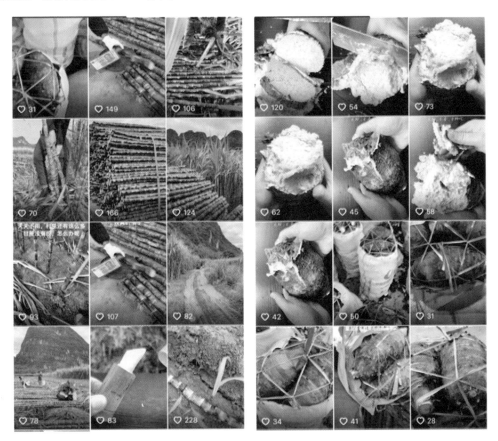

图 3-1-5　手机拍摄的商品短视频作品效果

做一做

了解目前市场上流行的手机品牌。

访问淘宝平台，输入关键词"手机"，浏览手机商品，了解手机的特点，填写表 3-1-3。

表 3-1-3　手机的主要参数

手机品牌及型号	分辨率	帧率	前后摄像头像素	防抖性能	对焦模式

学一学

手机的主要参数

现在，手机已成为人们日常生活中必不可少的工具，但想要使用手机拍摄出高质量的商品短视频，需要我们熟悉手机的主要参数。

1．分辨率

分辨率是衡量视频清晰度的重要参数，通常用横向像素数和纵向像素数表示，如 1920 像素×1080 像素。选择合适的分辨率可以确保商品短视频在播放时的画质清晰，同时不会占用过多的存储空间。建议在拍摄商品短视频时，选择 1080P 及以上的分辨率。

2．帧率

帧率是指每秒视频画面的更新次数，通常用 fps（frames per second）表示。较高的帧率可以带来更流畅的画面，但也需要更高的设备性能和拍摄技术。在使用手机拍摄商品短视频时，帧率可选择 24fps、30fps 或 60fps，其中 60fps 的画面最为流畅。

3．焦距

焦距影响了画面的视角宽度和放大倍数。镜头焦距决定了对焦内容在照片中能被放大多少倍。焦距越短，视角就越宽，则可以在一张照片内记录的画面内容就越丰富；焦距越长，视角就越窄，则在视觉上与拍摄主体间的距离就越近。

4．曝光参数

曝光参数包括快门速度、感光度和曝光补偿，它们共同决定了视频的明暗程度。在拍摄商品短视频时，可以尝试不同的曝光参数组合，找到最适合当前场景的设置。合理的曝光参数可以让商品短视频更具视觉冲击力。

5．对焦和景深

对焦是指调整镜头的焦距，使被摄物体在画面中显得清晰。景深是指在一定距离内，可以保持清晰成像的范围。在拍摄商品短视频时，合理设置对焦和景深，可以营造出不同的视觉效果，如突出主体、制造背景虚化等。

总之，掌握以上参数并灵活运用，就可以用手机轻松拍摄出高质量、富有创意的商品短视频。

任务评价

填写表 3-1-4，完成自评、互评、师评。

表 3-1-4　任务完成情况评价表

序号	评价内容	评价标准	满分分值	自评	互评	师评
1	拍摄商品短视频用到的基本设备	能够举例说出拍摄商品短视频可使用的基本设备的品牌及型号	20			
2	用相机拍摄商品短视频的优势	能够针对某款相机客观地说出其优点	25			
3	用手机拍摄商品短视频需设置的参数	能够说出用手机拍摄商品短视频需设置的参数	25			
4	熟悉手机主要参数的作用	能够说出手机主要参数的作用	30			
总评得分	自评×20%+互评×20%+师评×60%= 分					
本次任务总结与反思						

任务实训

实训内容

本次实训以小组为单位，以拍摄家乡特产为前提，根据团队的财务情况，选择合适的拍摄设备，并说明选择该设备的原因，归纳总结并填写表 3-1-5。

实训描述

选择合适的拍摄设备，确保设备能拍摄出清晰、细腻的画面，画面应具有良好的色彩还原度和优质的视觉效果。尽量选择高性能的拍摄设备，为拍摄家乡特产做准备。

实训指南

1. 通过抖音、京东等平台搜索家乡特产，查看相关的商品短视频呈现的风格和特点，分析其拍摄方法，选择适合自己的拍摄设备。

2. 检查设备内存，确保有足够的空间进行拍摄和存储。

实训总结

表 3-1-5　家乡特产短视频拍摄设备

小组名称		组员		组长	
家乡特产名称				原产地	
家乡特产短视频拍摄可以使用的基本设备有哪些					
家乡特产短视频呈现的效果如何					
家乡特产短视频可以展示特产的哪些特点					
总结选择家乡特产短视频拍摄设备的注意事项					

任务二　设置拍摄参数

任务导入

同学们在网购平台购买特产时，发现相关家乡特产短视频拍摄的画面特别诱人，对特产从整体到细节进行了全方位展示。从整体上表现了特产的生长环境，从细节上表现了特产的新鲜度，可以让消费者在感官上感受到特产的独到之处。那么，如何才能拍摄出这样的场景呢？这时就需要设置拍摄参数。

任务准备

学习目标

1. 组建合作小组，共同解决预学单上的问题。

2. 通过教材、网络等不同途径查阅相关学习资料。

学习过程

1. 学习任务

设置设备的拍摄参数能够使拍摄的画面达到理想的亮度、清晰度和色彩，确保在各种环境下都能拍摄出心仪的作品，同时能够帮助摄影师实现特定的艺术风格。

2. 填写预学单

阅读学习任务，查找相关资料，填写表 3-2-1。

表 3-2-1　设置拍摄参数预学单

学习内容					
小组名称		组员		组长	
解决问题 的方法				解决问题 使用的时间	
需要解决的问题					
如何设置拍摄设备的分辨率					
如何设置拍摄设备的帧率					
如何调整拍摄设备的对焦					
如何调整拍摄设备的曝光					
如何使用拍摄设备的辅助功能					
存在哪些疑问					

任务实施

活动 1　设置分辨率和帧率

活动描述

　　设置拍摄设备的分辨率可以获得更清晰的图像，而帧率是衡量图像或视频流畅度的重要指标，它会直接影响用户的观感和交互体验。那么，分辨率与帧率具体应如何设置呢？

活动实施

学一学

　　常见的手机分辨率主要有以下几种。

　　1．480P：分辨率为 640 像素×480 像素，清晰度相对较低，视频文件体积通常较小，便于存储和传输，大多数设备都能流畅播放该分辨率的视频。

　　2．720P：分辨率为 1280 像素×720 像素，是一种较为常见的分辨率，视频质量较好，占用存储空间相对较小。

　　3．1080P：分辨率为 1920 像素×1080 像素，能提供更清晰的画面，是目前常见的高清分辨率。

　　4．4K：分辨率为 3840 像素×2160 像素或更高，画质非常出色，适用于专业拍摄或对视频质量要求极高的场景。

　　视频文件体积会受到多种因素的影响，如视频的帧率、比特率、编码方式等。以 RMVB 格式为例，在视频长度为一小时的情况下，分辨率为 480P 的视频文件体积约为 300MB；分辨率为 720P 的视频文件体积约 500MB；分辨率为 1080P 的视频文件体积约为 800MB；分辨率为 4K 的视频文件体积约为 80GB。

手机常见的帧率主要有以下几种。

在现代的智能手机中，常见的帧率有 24fps、30fps、60fps 和 120fps。在视频拍摄时，这些帧率有其独特的特点和应用场景。

1. 24fps

24fps 是传统电影行业的标准帧率，能够提供一种经典电影的视觉体验，适合以叙事为主体的内容。相对较低的帧率减轻了处理器的压力，在低性能设备上也能实现较为流畅的视频拍摄和播放。24fps 虽然在动态场景中不如高帧率那样流畅，但在控制画面抖动方面表现较好，特别是在低速移动或静态场景中。

2. 30fps

30fps 被广泛用于电视广播，它能够在不过分增加视频文件体积的同时，提供比 24fps 更流畅的视频效果。对于大多数非专业场合，30fps 是一个既能够保证视觉效果又不会过度消耗存储空间和处理能力的良好方案。

3. 60fps

60fps 能够提供比 30fps 更加流畅的视频播放效果，适用于动作快速的动态场景，如体育赛事、动作电影等。在 1080P 60fps 模式下，视频不但清晰而且相对稳定，防抖能力较 4K 30fps 模式更佳。支持 60fps 拍摄的手机通常具有较强的处理能力和优秀的图像处理算法，以确保这种高帧率视频的处理和播放。

4. 120fps

120fps 提供的超级流畅度使得每个快速动作都能被清晰显示，适用于慢动作回放。这种高帧率主要用于专业级别的视频创作或高端游戏录制，能够捕捉更多的细节，使画面看起来更为细腻、生动。维持 120fps 的流畅拍摄需要非常高的硬件支持，包括强大的 CPU 和 GPU，以及高效的散热系统。

总体来说，不同帧率的手机在性能表现和用户体验方面各有千秋。从 30fps 到 120fps，每种帧率都有其独特的应用场景和优势。在选择手机时，了解不同帧率的特点可以帮助用户做出更合适的选择，享受更优质的科技生活。

做一做

接下来以荣耀 100 Pro 手机为例，学习在使用手机拍摄短视频时，设置分辨率和帧率的方法。

步骤一：打开相机，选择"录像"功能，如图 3-2-1 所示。

步骤二：点击"设置"按钮，打开"设置"界面，如图 3-2-2 所示。

图 3-2-1　选择"录像"功能

图 3-2-2　"设置"界面

步骤三：在"视频分辨率"列表中选择所需选项，如图 3-2-3 所示。

我们需要根据视频的用途和播放平台来选择分辨率。如果是拍摄短视频，那么 1080P 或 720P 就已经足够；如果需要拍摄高质量的视频或有专业用途，那么 4K 是更好的选择。

步骤四：在"视频帧率"列表中选择所需选项，如图 3-2-4 所示。

图 3-2-3　选择视频分辨率①

图 3-2-4　选择视频帧率

_____

① 注：本书中"1080p""720p"正确写法为"1080P""720P"，下同。

如果是拍摄电影质感的视频，则可以选择 24fps；如果是记录家庭日常、旅途风景等，则可以选择 30fps；如果是拍摄高流畅画面或后期需要制作慢动作，则可以选择 60fps；如果是拍摄慢动作，则可以选择 120fps 或更高的帧率。

活动 2 调整对焦和曝光

活动描述

在使用手机拍摄视频时，对焦和曝光是不可或缺的要素。它们如同视频的灵魂，为画面注入生机。通过合理使用对焦和曝光功能，可以呈现出更加引人入胜的画面。

活动实施

学一学

对焦和曝光的作用

对焦可以确保主体清晰，突出重点，引导观众将注意力集中在重要元素上；可以创造出清晰的前景、中景和背景效果，增强画面的层次感和深度。以荣耀 100 Pro 手机为例，对焦效果如图 3-2-5 所示。

曝光可以控制画面的明暗度，使画面更加鲜明、生动。通过轻松滑动手机相机界面上的小太阳图标，可以精确地调整曝光补偿，使画面中的细节清晰可见，或者使画面变得更加明亮、柔和。这种微妙的调整将赋予视频更多的情感和故事性。以荣耀 100 Pro 手机为例，曝光效果如图 3-2-6 所示。

图 3-2-5　对焦效果　　　　　　　　　　图 3-2-6　曝光效果

在拍摄商品短视频时，需要巧妙运用对焦和曝光技巧，使画面更加流畅、自然，充满吸引力。同时，还要留意环境光线，确保不会出现画面过曝或欠曝的问题。这样就能拍摄出高质量的商品短视频，从而让消费者沉浸其中，感受画面所传递的情感和故事，激发其购买欲望。

做一做

请同学们观察自己的手机在拍摄时的对焦和曝光效果，小组内交流不同对焦与曝光拍摄出的视频有何不同，归纳总结并填写表 3-2-2。

表 3-2-2　手机相机对焦与曝光参数调查表

手机品牌及型号	对焦区域	曝光数值	视频呈现效果

活动 3　辅助功能

活动描述

手机相机中有很多的辅助功能，这些功能不仅提升了使用手机拍摄视频的便捷性和趣味性，也让创作者能够轻松创作出更加精彩、独特的视频作品。

活动实施

学一学

使用手机拍摄视频时常见的辅助功能

手机相机中的辅助功能为创作者提供了更多的创作可能性。以下是一些常见的辅助功能，以荣耀 100 Pro 手机为例进行说明。

1．参考线

参考线通常被称为九宫格或网格线，是一种重要的构图工具。由两条水平线和两条垂直线组成，可以帮助摄影师更准确地进行构图，如图 3-2-7 所示。

2．水平仪

水平仪主要用于在拍摄时确保画面水平对齐，从而提升照片或视频的视觉效果。在摄影和创作视频时，保持画面水平极为重要，这关系到最终作品的专业度与观赏性，如图 3-2-7 所示。

3. 慢动作

慢动作是一种以较慢速度播放视频中展示的动作或场景的技术。这种技术可以让观众更清晰地看到平时难以察觉的细节，为视频增添独特的视觉效果，如图3-2-8所示。

4. 主角模式

主角模式可以额外生成一段人像追焦视频，从不同的视角记录同一时刻的内容，如图3-2-9所示。

 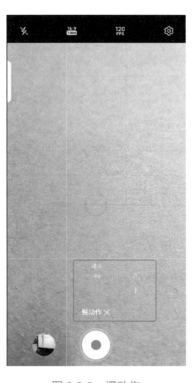 

图 3-2-7　参考线和水平仪　　　　　图 3-2-8　慢动作　　　　　图 3-2-9　主角模式

5. 夜景录像

夜景录像是指手机相机经过了特殊降噪算法的处理，可以使夜晚的成像更清晰透亮。

6. 多镜录像

多镜录像是指手机相机支持双路摄像头分别取景，同时录制不同视角的双画面视频。

7. 大光圈

大光圈可以拍摄出背景虚化的效果，建议在使用大光圈功能时与拍摄对象的距离不超过2米。

8. 延时摄影

延时摄影可以将长时间录制的影像合成为短视频，在短时间内再现景物变化的过程。

9. 超级微距

超级微距是指更近的对焦距离，可以拍摄更丰富、逼真的物体细节。

10．微电影

微电影是指使用手机相机提供的拍摄模板，将录像、音乐、滤镜、转场等效果进行组合，一站式输出可发布的视频。

做一做

请同学们观察自己的手机相机中的辅助功能有哪些，小组内交流不同品牌手机的辅助功能，归纳总结并填写表3-2-3。

表 3-2-3　手机相机辅助功能调查表

手机品牌及型号	手机相机辅助功能

任务评价

填写表 3-2-4，完成自评、互评、师评。

表 3-2-4　任务完成情况评价表

序号	评价内容	评价标准	满分分值	自评	互评	师评
1	设置分辨率和帧率	能够掌握设置分辨率和帧率的方法	25			
2	设置拍摄尺寸	能够掌握设置拍摄尺寸的方法	25			
3	调整对焦和曝光	能够掌握调整对焦和曝光的方法	25			
4	了解辅助功能	能够说出几种手机相机的辅助功能	25			
总评得分	自评×20%+互评×20%+师评×60%=　　　　分					
本次任务总结与反思						

任务实训

实训内容

本次实训以小组为单位，以小组成员家乡特产为案例，以拍摄家乡特产为前提，根据团队的拍摄方案，拍摄家乡特产的特写镜头，展示其纹理、色泽等方面的独特之处。在拍摄过程中注意拍摄参数，归纳总结并填写表3-2-5。

| 实训描述 |

请每个小组选择一款家乡特产，并设计特写镜头。例如，水果要拍摄表皮细节，带叶蔬菜要拍摄叶子的脉络等。要注意拍摄时设备的稳定性和光线条件，以确保拍摄出高质量的家乡特产短视频。

| 实训指南 |

1. 在"设置"界面中选择高清格式，如 1080P 或更高分辨率，以确保拍摄出家乡特产清晰的细节。

2. 打开微距模式或拉近镜头。如果手机具备微距模式，则将其打开；如果手机不具备微距模式，则将镜头拉近，以便更好地捕捉家乡特产的细节。

3. 尽量利用自然光线或适当的人工灯光来照亮家乡特产。

4. 调整对焦和曝光。长按屏幕锁定对焦和曝光，以确保特产的细节清晰可见。可以根据光线情况微调曝光，避免画面过亮或过暗。

使用简洁的背景来突出家乡特产的细节，可以尝试对角线构图、三角形构图或其他构图方式，以增强画面的吸引力。

| 实训总结 |

表 3-2-5　设置拍摄参数

小组名称		组员		组长	
手机品牌				型号	
手机的分辨率及帧率有哪些					
简述调整对焦的作用及步骤					
简述调整曝光的作用及步骤					
列举 3 种以上手机相机的辅助功能					

任务三　准备拍摄辅助设备

任务导入

通过对前面内容的学习，同学们已经对短视频拍摄的基本设备和参数有了初步认识，接下来就是挑选拍摄辅助设备了。拍摄辅助设备对于实现高质量视频的产出具有重要作用，它们不仅能够提高拍摄效率，直接影响视频的质量和创意表现，还能够扩展摄像机的功能，提高视频的稳定性和清晰度。因此，在拍摄前，根据不同的拍摄需求和场景选择合适的辅助设备是至关重要的。

 ## 任务准备

学习目标

1．组建合作小组，共同解决预学单上的问题。
2．了解商品短视频拍摄所需的辅助设备有哪些。
3．了解商品短视频拍摄所需的辅助设备的基本操作。

学习任务

1．了解灯光设备、稳定设备、布景道具和录音设备的种类及使用方法。
2．填写预学单

阅读学习任务，查找相关资料，填写表 3-3-1。

表 3-3-1　准备拍摄辅助设备预学单

学习内容				
小组名称		组员	组长	
解决问题 的方法			解决问题 使用的时间	
需要解决的问题				
拍摄商品短视频需要哪些辅助设备				
布置拍摄环境需要考虑哪些因素				
拍摄商品短视频需要哪些布景道具				
拍摄商品短视频需要的灯光设备有哪些种类				
拍摄商品短视频需要的稳定设备有哪些种类				
拍摄商品短视频需要的录音设备有哪些种类				

活动 1　布置拍摄环境

活动描述

布置拍摄环境时首先需要确定拍摄的主题和风格，然后选择合适的场地，最后对背景、道具、灯光等进行调试。这些因素共同决定了视频画面的质量和观众的观感，通过精心设计的环境来引导观众的情绪和感受，从而更好地传达视频的主题和所要表达的信息。

活动实施

学一学

布置拍摄环境是指在拍摄过程中，根据拍摄主题和需求对拍摄环境进行合理的布置和调整，以获得最佳的拍摄效果。布置拍摄环境需要考虑的要点如下。

1．明确拍摄主题和风格

首先要明确拍摄的主题和想要呈现的风格。比如，拍摄商品需要简洁、明亮的背景，以突出商品特点；拍摄人物写真需要根据人物的性格和气质来选择温馨、浪漫或时尚的场景。

2．选择合适的场地

1）室内场地

选择空间足够大的房间，以避免拍摄画面狭小；考虑房间的采光情况，尽量选择光线充足且均匀的房间；注意房间的背景颜色和质地，避免过于花哨或杂乱。

2）室外场地

公园、花园等自然环境可以提供丰富的背景和自然光线。城市街道、建筑物可以营造时尚、现代的氛围。海滩、山脉等特殊地形可以为拍摄画面增添独特的视觉效果。

3．背景布置

根据拍摄主题选择不同颜色或材质的背景布。例如，白色背景布常用于突出主体，黑色背景布常用于营造神秘感和高贵感，但要确保背景布平整无褶皱。

4．道具和装饰品

与主题相关的道具能增强画面的故事性。例如，拍摄厨房用品时，可以摆放一些新鲜的食材和炊具，但要注意道具的摆放位置和数量，避免过于拥挤或分散。

5．灯光设置

1）自然光

利用自然光可以创造出真实、自然的画面效果，也可以使用白色窗帘或柔光板来柔化光线。不同时间的自然光不同，适用场景也不同。例如，黄金时刻（日出后一小时和日落前一小时）提供了温暖、柔和的光线，适合拍摄温馨、浪漫的场景；蓝色时刻（日出前和日落后的短暂时间段，通常持续 16 到 24 分钟）提供了较冷、清晰的光线，适合拍摄都市风格的画面和冷酷的场景。

2）人工光

（1）闪光灯：提供强烈的定向光，常用于突出主体或创造特定的光影效果。

（2）常亮灯：便于观察光线效果，调整灯光角度和强度。

（3）反光板：用于反射光线，填补阴影部分，使光线更加均匀。

6．声音控制

如果拍摄涉及音频录制，则要确保拍摄环境安静，避免噪音干扰。可以使用隔音材料或在安静的时间段内进行拍摄。

为鲜花布置拍摄环境。以幸福婚礼为主题背景，选择室内环境作为拍摄场景，巧妙地运用自然光线拍摄鲜花画面。在画面中，以鲜花多样的形态和鲜艳的色彩为焦点，不仅展示了鲜花的美丽，还营造了一种浪漫而喜庆的氛围，完美地衬托出了婚礼温馨、欢乐的氛围，如图 3-3-1 所示。

图 3-3-1　为鲜花布置拍摄环境

为厨房置物架布置拍摄环境。以整洁有序的厨房收纳空间作为拍摄背景，利用柔和而温馨的室内灯光，拍摄厨房置物架画面。通过巧妙搭配各式厨房调料与实用道具，不仅展现了置物架的高实用性，还精准解决了用户在日常生活中遇到的收纳难题，如图 3-3-2 所示。

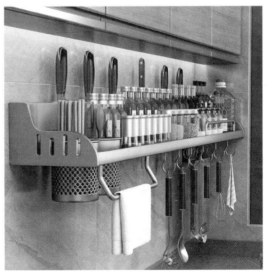

图 3-3-2　为厨房置物架布置拍摄环境

活动 2　准备灯光设备

活动描述

在视频拍摄中，灯光设备的选择和应用是至关重要的，它不仅能影响视频画面的质量，还能营造出不同的氛围。合理的灯光布局不仅能强调商品的形状、质地和颜色，还能提升品牌的专业形象，使商品短视频更具吸引力和说服力。

活动实施

学一学

1. 灯光设备

在视频拍摄中，选择合适的灯光设备是至关重要的，它能直接影响拍摄画面的质量和效果。以下是拍摄商品短视频时经常用到的灯光设备。

1）LED 补光灯

（1）特点：LED 补光灯以其高亮度、低能耗、长寿命和环保性能著称，通常具有可调节色温和亮度的功能，适用于需要长时间使用和频繁调整光线强度的场合，如图 3-3-3 所示。

（2）适用场景：LED 补光灯适用于静物拍摄、人像摄影、视频录制等场景，尤其是在需要模拟自然光或补充光线的情况下。

2）钨丝灯

（1）特点：钨丝灯是传统的电影灯具之一，其以高演色性指数和温暖的光线色温而备受青睐。钨丝灯能完整呈现物体的真实色彩，营造出温馨、柔和的画面效果，如图 3-3-4 所示。

（2）适用场景：钨丝灯适用于室内照明，如办公室、居家环境等，可模拟日光或创造温暖的氛围。

图 3-3-3　LED 补光灯

图 3-3-4　钨丝灯

3）日光灯

（1）特点：日光灯又称荧光灯，其价格较低、体型轻巧且不易发热，能够提供大面积的、柔和、均匀的亮度，如图 3-3-5 所示。日光灯的色温范围广泛，可以根据拍摄需要进行选择。

（2）适用场景：日光灯适用于拍摄室内场景，尤其是在被摄物体靠近光源的情况下，可以提供正确的亮度。

4）柔光箱

（1）特点：柔光箱能够将直射光转化为漫射光，使光线更加柔和，减少阴影，同时使影像画面更显温柔、和谐，如图 3-3-6 所示。

（2）适用场景：柔光箱适用于需要柔和光源的视频拍摄场景，如人像摄影、静物拍摄等，有助于提升画面质量。

图 3-3-5　日光灯

图 3-3-6　柔光箱

2. 三点布光法

三点布光法是拍摄常用的布光法，主要运用主光、辅光、轮廓光 3 种基本光进行照明布置，能将三维物体的立体感、质感和纵深感呈现在屏幕上。这种方法能够有效塑造物体的三维感和深度，同时便于控制画面的光线效果。下面将详细介绍三点布光法的应用，如图 3-3-7 所示。

1）主光

主光是拍摄场景中最主要的光源，可以直接影响画面的色温和亮度。通常，主光会放置在被摄物体的侧面约 45°的方向，调整这个角度可以产生不同的效果。为了避免硬光带来的强烈阴影，一般会使用柔光布或柔光箱来柔化主光，使画面更柔和，细节更丰富。主光源可以选用聚光灯、柔光箱和雷达罩。

2）辅助光

辅助光的主要作用是填充由主光造成的阴影区域，减少反差。辅助光源通常放置在与主光位置相反的一侧，大约也在被摄物体的 45°方向。根据拍摄需求，可以通过调整两者的相对亮度来控制画面的明暗对比。主光可以选用泛光灯，在条件有限的情况下，可以使用反光板代替实际的辅助光。

3）轮廓光

轮廓光的作用是在主体背后形成轮廓光效，帮助主体从背景中分离出来，增加画面的深度。这种光源位于被摄物体后方,通常在与主光相反的方向。通过调整轮廓光的位置和强度,控制其影响范围,避免光线过度扩散到不需要高光的区域。轮廓光可以选用直射灯。

图 3-3-7 三点布光法的应用

活动 3 使用稳定设备

活动描述

在视频创作中,画面的稳定性是影响作品质量的关键因素之一。使用稳定设备,如手持云台和其他形式的稳定器,可以有效防止画面抖动,确保视频清晰流畅。

活动实施

学一学

视频拍摄时,常见的稳定设备有以下几种。

1. 三脚架:提供了一个稳定的平台来支撑拍摄设备,适用于静态场景的长时间拍摄,如图 3-3-8 所示。

2. 手持云台:可以通过内置的陀螺仪和电机等组件,实时检测并抵消拍摄过程中的手部抖动,让拍摄的画面更加稳定、平滑,如图 3-3-9 所示。

3. 肩托式稳定器:允许摄影师通过身体支撑设备,适用于需要快速移动且连续拍摄的场景,如图 3-3-10 所示。

4. 手持杆:是一种轻便的稳定工具,虽然功能不如云台全面,但是在一些不需要大幅度移动的情况下它的功能也是足够的,如图 3-3-11 所示。

图 3-3-8　三脚架

图 3-3-9　手持云台

图 3-3-10　肩托式稳定器　　　图 3-3-11　手持杆

活动 4　搭配布景道具

活动描述

在视频拍摄中，道具的布景和设计是创造理想视觉效果的关键要素之一。合理的布景道具不仅能够丰富画面内容，还能够强调主题，聚集观众的注意力，增强故事的感染力。

活动实施

学一学

在如今的电商业务中，商品短视频拍摄的道具布景是树立商品形象、引导消费者购买的关键因素。商品短视频拍摄的道具布景过程既复杂又充满创意，从优化布光效果到彰显商品特色，每个环节都要求创作者具有高度的审美能力和市场敏感度。在拍摄过程中，不仅要关注场景的选择和道具的布置，还要考虑灯光、色彩、构图等诸多因素。只有将这些因素综合考虑，才能创作出既吸引人又能有效传达商品信息的视频。

拍摄视频时，在布景道具方面需要注意以下几点。

1. 突出商品特性：选择的布景道具要突出商品的特点、功能和优势。例如，要拍摄一款精致的珍珠耳饰，可选择丝绒质地的装饰盒作为道具，以凸显其精美，如图 3-3-12 所示。

2. 简洁明了：避免使用过多繁杂的道具，以免分散消费者对商品本身的注意力，应保持画面简洁，让商品成为焦点。例如，在拍摄宇航员手机支架的过程中，可选择背景板和蓝色桌布作为道具，营造太空的神秘感，如图 3-3-13 所示。

图 3-3-12　珍珠耳饰的拍摄道具

图 3-3-13　宇航员手机支架的拍摄道具

3．风格适配：布景道具的风格要与商品的定位和目标受众相匹配。例如，在拍摄壁灯时，不同风格的壁灯需要搭配不同的拍摄道具，北欧风格的壁灯与新中式风格的壁灯所搭配的拍摄道具就有所区别，如图 3-3-14 所示。

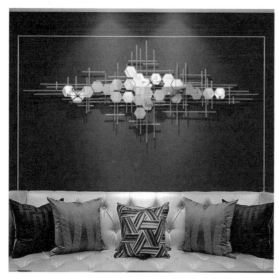

图 3-3-14　背景墙壁灯的拍摄道具

4．品质感：选用高质量、有质感的道具能够提升整个视频的档次，让消费者对商品产生良好的印象。例如，为钻戒拍摄短视频时，可选择蓝色丝质绸缎作为道具，其本身就是一种高贵、典雅的材质，而钻石具有高折射率和高色散的特点，当光线照射在绸缎上时，部分光线会被反射到钻石上，进一步增强钻石的闪耀效果，如图 3-3-15 所示。

5．营造场景感：通过布景道具营造出与使用商品相关的场景，让消费者更容易产生代入感，从而激发其购买欲望。例如，在为破壁机拍摄短视频时，可以营造榨取果汁的场景，在美好的清晨，用破壁机榨取一杯新鲜果汁，不仅满足了味蕾的需求，更让身心得到了全面的滋养与放松，如图 3-3-16 所示。

图 3-3-15　钻戒的拍摄道具　　　　　　图 3-3-16　破壁机的拍摄道具

此外，在搭配场景道具时，还需要注意道具的尺寸比例、色彩搭配、摆放的合理性及成本等。

做一做

接下来为仿真花的视频拍摄搭配布景道具，如图 3-3-17 所示。

步骤一：选择道具窗帘。窗帘不仅能够为视频拍摄提供合适的背景，营造特定的氛围，还能有效调节光线，创造最佳的拍摄环境。灰色棉麻质地的窗帘能带来一种宁静、稳定的感觉。这种窗帘能够辅助控制光线的强度和方向，确保视频拍摄时能够拥有理想的光照条件。

步骤二：选择道具壁纸。纯色壁纸背景不仅能够增加画面的层次感，还能营造出温馨的氛围。暖色系的壁纸与仿真花相得益彰，进一步提升了整体的视觉效果。

步骤三：选择道具香薰灯。香薰灯发出的柔和光线能够在晚上或光线较暗的环境中提供额外的光源，增加视频的光影效果，营造出一种轻松、愉悦的环境，与仿真花搭配和谐。

步骤四：选择道具杂志。杂志能够作为拍摄仿真花时的道具，摆放在仿真花旁边，能够增加画面的故事性。

步骤五：选择道具木质柜。木质柜提供了一个自然质朴的展示平台，适合放置仿真花，能够增强画面的质感。

步骤六：选择道具花瓶。灰蓝渐变颜色的玻璃花瓶不仅与窗帘的灰色相呼应，还能够增强整体的艺术气息。

图 3-3-17　仿真花视频拍摄的布景道具

活动5 使用录音设备

活动描述

在视频拍摄中，专业的录音设备尤为关键。这一环节直接关系到视频的整体质量和观众的观感。

活动实施

学一学

录音设备的种类及特点

1. 领夹麦克风：适用于采访和 Vlog 拍摄，体积小巧，可以夹在使用者的衣服上，如图 3-3-18 所示。它能够近距离捕捉声音，减少环境噪音的干扰。

2. 电容麦克风：适用于录音棚和高质量音频录制，可以提供清晰、高分辨率的音频，如图 3-3-19 所示。

3. 无线麦克风：适用于使用者需要移动的场景，如演讲、剧场表演等，其中包括一个或多个发射器和一个接收器，如图 3-3-20 所示。

4. USB 麦克风：适用于电脑和移动设备，方便连接，可在网络直播、播客和家庭录音时使用，如图 3-3-21 所示。

  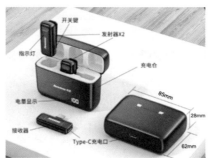 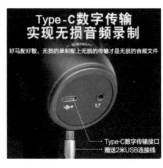

图 3-3-18 领夹麦克风　图 3-3-19 电容麦克风　　图 3-3-20 无线麦克风　　图 3-3-21 USB 麦克风

除此之外，还有枪型麦克风、立体声/环绕声麦克风、手持麦克风等。

在录音的时候，还可以使用如下技巧。

1. 控制距离：将录音设备尽量靠近声源，距离一般不超过 1 米，以获得清晰的声音。

2. 避免噪音：尽量避免周围的噪音干扰，如关闭空调、电视等设备。

3. 防风处理：在户外或有风的环境中录音，可以使用防风罩或防风海绵来减少风声对录音的影响。

4. 注意录音电平：调整录音设备的电平，确保声音不会过大或过小，避免出现失真或噪音。

5. 使用耳机监听：在录音过程中，使用耳机监听录音效果，及时发现并解决可能存在的问题。

任务评价

填写表 3-3-2，完成自评、互评、师评。

表 3-3-2　任务完成情况评价表

序号	评价内容	评价标准	满分分值	自评	互评	师评
1	灯光设备的适用场景	能够根据不同拍摄场景，选择合适的灯光设备	25			
2	灯光设备的调试	能够掌握灯光设备的组装与调试步骤	25			
3	稳定设备的操作	能够掌握稳定设备的具体操作步骤	25			
4	根据商品短视频拍摄主题，选择合适的布景道具	能够根据商品短视频拍摄主题，选择合适的布景道具，并进行布置	25			
总评得分	自评×20%+互评×20%+师评×60%=　　　　分					
本次任务总结与反思						

任务实训

实训内容

本次实训以小组为单位，以小组成员家乡农产品为例，根据预算金额规划拍摄器材的采购方案，并根据该采购方案中的器材搭建拍摄环境。

实训描述

本次预算金额为 3000 元，根据预算金额列出商品短视频拍摄所需的拍摄辅助设备。选择合适的拍摄辅助设备是为了更好地展示家乡农产品的特点和优势，提高其市场竞争力，吸引更多消费者关注和购买。在选择好设备后，需要填写拍摄辅助设备采购清单（见表 3-3-3）。根据采购清单中的拍摄辅助设备，搭建家乡农产品拍摄环境。

实训指南

1. 了解农产品的拍摄需求。

2．了解拍摄辅助设备的价格。

3．选购拍摄所需灯光设备、稳定设备、布景道具及录音设备。

4．根据拍摄需求搭建拍摄环境。

表 3-3-3　拍摄辅助设备采购清单

设备名称	品牌	型号	报价	特点	数量	备注

实训总结

梳理家乡农产品拍摄过程，填写表 3-3-4。

表 3-3-4　家乡农产品拍摄过程

小组名称		组员		组长	
家乡农产品名称				原产地	
家乡农产品的背景是什么 （简单介绍家乡农产品的背景）					
家乡农产品短视频拍摄的目标是什么 （如展示家乡农产品的品质、宣传家乡农产品的营养价值等）					
如何选择拍摄场地 （如家乡农产品的生产基地、市场、超市等）					
如何布置拍摄环境 （如背景、灯光设备、稳定设备、布景道具和录音设备等的选择及摆放，以突出家乡农产品的特点）					
总结选择拍摄辅助设备的注意事项					

 思政园地

村支书短视频行动，为特色农业插上互联网的翅膀

近年来，河北省邯郸市邯山区格外注重特色产业发展，通过项目引导和政策扶持，鼓励农户和涉农企业进行特色种植和养殖，在河沙镇镇种植养殖基地开发了多种特色产业，改变了以往产业单一的现象，让特色产业成了农民增收致富的"金钥匙"。

杜仲是一种生命力极为顽强的神奇植物，也是传统名贵中药材，浑身上下都是宝，种植前景和经济效益可观。这种植物不仅承载了千年的药用历史，还蕴含着丰富的文化内涵。邯郸，这个古老而充满活力的地方正是杜仲的故乡。近日，网络上一个关于杜仲的短视频突然火了起来。

视频中的主人公是邯郸市河沙镇镇的一位村党支部书记（简称村支书）。通过村支书的介绍，我们可以看到一大片翠绿的杜仲林，杜仲种植已经形成了规模，阳光透过层层叶片，洒在这片生机勃勃的土地上。通过短视频，我们看到了杜仲采集、加工的过程，每道工序都透露着对自然的敬畏和对历史的尊重。随后，村支书介绍了杜仲中含有的丰富营养素和它对人体健康的诸多益处。村支书亲自讲述邯郸杜仲的多重意义，这不仅提升了杜仲的知名度，还使得农民的收入得以显著提升，这一切都源于对杜仲的科学种植和有效的市场推广。

村支书亲自拍摄的视频和由此带来的农民的增收，是在告诉我们每一个人，传统文化并非遥远而枯燥的历史，而是活生生地存在于我们的生活中，等待着我们去探索、珍惜和传承。

在这个科技不断进步的时代，我们可以通过短视频的方式，将邯郸杜仲的故事，这份融合了传统与现代的思政课，传递给更多的人。让杜仲的故事成为连接过去与未来，沟通城市与乡村的纽带，让我们共同见证它为人类带来的健康与收益。

拍摄商品短视频

项 目 情 境

　　随着互联网和电子商务的快速发展，商品短视频已成为吸引消费者注意力、提升销售转化率的重要工具。商品短视频展示的商品外观、材质、功能和使用方法等信息，可以让消费者更直观地了解商品的品质。这种透明的营销方式可以增强消费者对品牌的信任，从而提高其购买意愿。同学们通过对本项目中的任务进行学习，可以掌握更多的拍摄技巧，从而创作出高质量的商品短视频。不管是拍摄家乡的特产还是自己喜欢的商品，都可以从更加专业的角度来呈现内容。

　　本项目将带领同学们学习商品拍摄常见的布光方式、布局拍摄画面、运镜拍摄动态效果及整体的拍摄技巧。

知 识 目 标

1. 了解商品拍摄布光的基础知识。
2. 熟悉常见的布光方式，能对不同材质的商品进行布光。
3. 掌握调整拍摄商品的角度的方法并进行构图。
4. 掌握商品拍摄动态效果的运镜方式，以及整体的拍摄技巧。

能 力 目 标

1. 通过查找素材，自主学习相关知识。
2. 通过拍摄练习，分析商品的材质并对其进行布光。
3. 通过拍摄商品短视频，熟练掌握构图及运镜技巧。
4. 通过拍摄练习，熟练掌握商品短视频的整体拍摄技巧。

素养目标

1. 通过对商品布光和构图的学习，培养学生拍摄短视频的想象力和创造力。

2. 通过商品摆放和角度调整等拍摄细节，培养学生的观察能力和耐心。

3. 通过小组合作拍摄，提高学生的沟通协作能力，帮助学生树立岗位服务意识和责任感，培养其职业素养。

项目导图

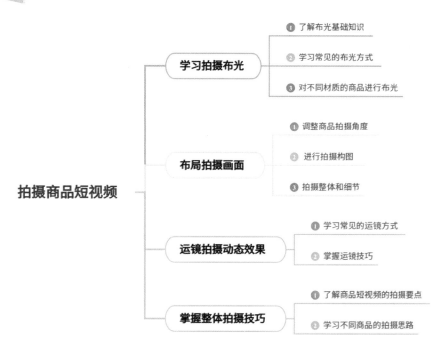

任务一　学习拍摄布光

✍ 任务导入

虽然同学们经常拍视频，但是一部分同学拍摄的画面很清晰，光线很明亮，还有一部分同学拍摄的画面很模糊，视频的质量不高，且没有注意到光影细节。大家拍摄的视频作品千差万别。

任务准备

学习目标

1. 组建合作小组，共同解决预学单上的问题。

2．通过教材、网络等不同途径查阅相关学习资料。

学习过程

1．学习任务

了解什么是商品拍摄布光，商品拍摄的光源类型有哪些，学习常见的布光方式，以及对不同材质的商品如何进行布光。

2．填写预学单

阅读学习任务，查找相关资料，填写表 4-1-1。

表 4-1-1　学习拍摄布光预学单

学习内容					
小组名称		组员		组长	
解决问题的方法				解决问题使用的时间	
需要解决的问题					
商品拍摄布光是什么					
商品拍摄的光源类型有哪些（请图文并茂说明）					
常见的布光方式有哪些（请图文并茂说明）					
对不同材质的商品如何进行布光（请图文并茂说明）					
存在哪些疑问					

任务实施

活动 1　了解布光基础知识

活动描述

有了光，视频就有了生命。如果没有充足的光线，即便手机有再高的像素，也无法拍摄出清晰的视频。那些播放量很高的优秀短视频作品，都是在光线充足的环境下拍摄出来的。而这些光，有些是自然光源，有些是人造光源。如果想灵活运用这些光源将视频拍出想要的效果，则需要对不同类型的光源进行深入了解。

活动实施

活动实施

学一学

1. 什么是商品拍摄布光

商品拍摄布光是指在一定的环境中，通过改变光线的方向和强度，人为地创造和控制光线环境，以最佳光线展现被摄对象，从而达到拍摄要求。在拍摄商品时，光线是非常重要的元素，处理好光线，才能拍出好的作品。拍摄环境中的各种光线可以在镜头画面中制造层次感和空间感，光线的布置和变化可以为商品的拍摄画面展现更加丰富的效果。

2. 拍摄商品的光源类型有哪些

不管是在室内还是室外，白天还是黑夜，都有着不同的光源。常见的光源包括自然光源和人造光源。

（1）自然光源。它通常来自太阳光，光线比较均匀，且照射面积也比较大，一般不会产生明显对比的阴影。自然光源的缺点在于容易受到光照角度和天气因素的影响，光线的质感和强度不够稳定。

（2）人造光源。在拍摄现场中，主要利用各种人造光源来进行商品拍摄，如室内现场灯、氛围灯、白炽灯和补光灯等，这种光源可以更好地传递场景中的影调。人造光源的优势在于控制光源的强弱和照射角度，从而完成一些指定的拍摄要求，增强画面的视觉冲击力。现场补光灯如图 4-1-1 所示，补光 LED 灯泡如图 4-1-2 所示。

图 4-1-1 现场补光灯

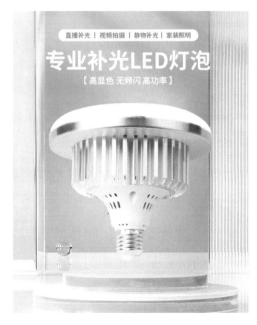

图 4-1-2 补光 LED 灯泡

做一做

步骤一：了解自然光源对商品拍摄的作用。

选择一款自己喜欢的商品，利用自然光源分别在早晨、中午和下午各拍摄一个商品短视频，并分析商品短视频中的影调效果（光线明暗、阴影面积等），填写表 4-1-2。

表 4-1-2　自然光源分析

时间段	光线明暗	阴影面积	画面清晰度
早晨			
中午			
下午			

步骤二：了解人造光源对商品拍摄的作用。

访问淘宝或京东平台，搜索常见的人造光源设备，分析其外形特点及用途，归纳总结并填写表 4-1-3。

表 4-1-3　人造光源分析

人造光源设备	外形（图示）	特点	用途

活动 2　学习常见的布光方式

活动描述

我们可以通过控制商品拍摄的光线角度，来实现不同的影调效果，不同位置的光线会带来不同的拍摄效果。

活动实施

学一学

拍摄商品短视频常见的布光方式有以下 7 种。

1. 顺光

顺光是指光源在被摄物体的正前方，光源的照射方向与相机的拍摄方向基本一致。这种布光方式的特点是受光均匀，不会产生太明显的阴影，缺点是缺乏立体感和空间感。顺光多用于拍摄商品特写和商品细节。顺光示意图如图 4-1-3 所示。

2. 侧光

侧光是指光源在被摄物体的左侧或右侧，光源的照射方向与相机的拍摄方向呈 90° 的垂直夹角，这种布光方式会产生明显的明暗对比，被摄物体受光源照射的一面非常明亮，而另一面则比较黯淡，层次感非常分明，可以体现一定的空间感。侧光多用于拍摄立体感较强的物体。侧光示意图如图4-1-4所示。

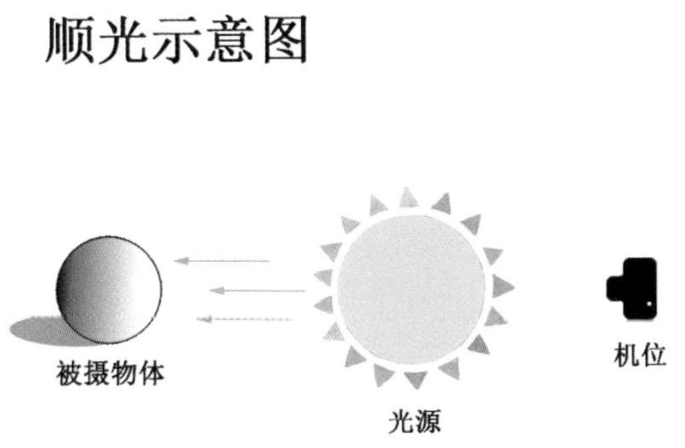

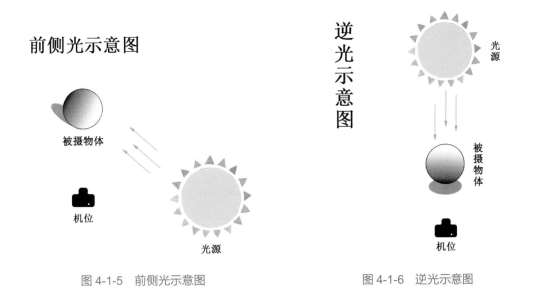

顺光示意图

图 4-1-3 顺光示意图

侧光示意图

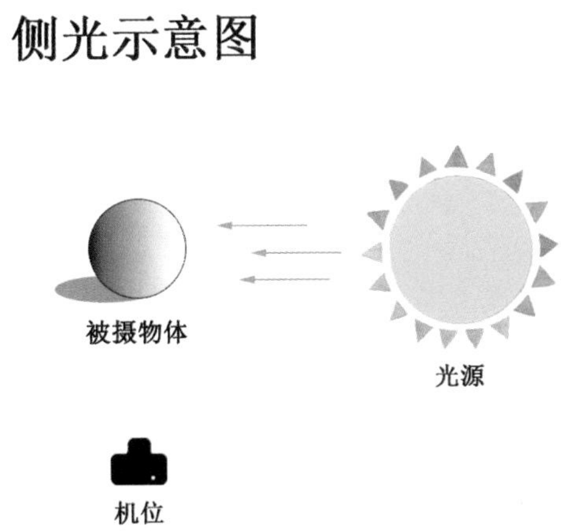

图 4-1-4 侧光示意图

3．前侧光

前侧光和侧光的差别不是很大，是指光源在被摄物体的斜前方，光源的照射方向与相机的拍摄方向呈45°，被摄物体大面积受光，阴影在斜侧面，既有明暗对比的立体感和层次感，又能修饰质感和细节。前侧光多用于补光和提亮暗部。前侧光示意图如图4-1-5所示。

4．逆光

逆光是指光源在被摄物体的正后方，光源的照射方向与相机的拍摄方向完全相反，会产生明显的剪影效果，主体曝光不足，可以形成清晰的轮廓。建议同时给被摄物体的正面补光，使被摄物体的正面清晰显示，并在逆光下营造一种特殊的氛围。逆光示意图如图4-1-6所示。

前侧光示意图

图 4-1-5 前侧光示意图

逆光示意图

图 4-1-6 逆光示意图

5. 侧逆光

侧逆光是指光源在被摄物体的斜后侧，光源的照射方向与相机的拍摄方向呈 135°，光源照射的是被摄物体的背面，正面受光面积较小，能够较好地修饰被摄物体的轮廓和体积。侧逆光示意图如图 4-1-7 所示。

6. 顶光

顶光是指光源位于被摄物体顶部正上方，光源的照射方向与相机的拍摄方向呈 90°的夹角，被摄物体下方会留下比较明显的阴影，往往用于体现被摄物体的立体感，可以产生分明的上下层次关系。顶光示意图如图 4-1-8 所示。

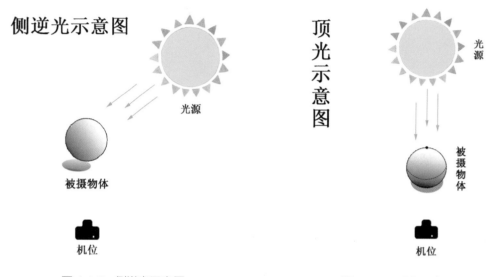

图 4-1-7 侧逆光示意图   图 4-1-8 顶光示意图

图 4-1-9 底光示意图

7. 底光

与顶光刚好相反，底光是指光源处于被摄物体正下方，是从被摄物体底部照射出来的光线，又称脚光，明暗对比强烈，多用于呈现阴险、恐怖的视觉效果。底光示意图如图 4-1-9 所示。

以上是商品短视频拍摄时需要掌握的 7 种布光方式。光源在水平方向上有顺、逆之分，在垂直方向上，光源所处的高度不同也会带来不同的效果。在实际拍摄中，基本上是使用几种方式的组合光线。只有熟练掌握这 7 种布光方式的基本概念，才能灵活运用。

做一做

查找相关资料，搜索不同类目的商品，对这些布光方式进行对比，并观察不同的布光方式产生的不同的布光效果，填写表 4-1-4。

表 4-1-4　不同商品的布光方式

查找的商品图片	观察布光方式	布光效果	优势

活动3　对不同材质的商品进行布光

活动描述

每个商品都有其独特的质感和表面细节。在商品短视频中成功地表现出这种质感细节，可以大大增加商品的吸引力。要想拍摄出高质量的商品短视频，根据不同的商品材质进行布光十分重要。布光不仅可以让画面更清晰，还可以突出商品主体。

活动实施

学一学

商品的质感不同，感知到的光线也就不同，所以需要针对不同的材质采用不同的布光方式，商品的基础布光方式有吸光、反光、透光 3 种类型。

1．吸光类商品布光

吸光类商品通常表面结构粗糙、不光滑、表面反光率低，但对光的反射比较稳定，可以呈现比较丰富的视觉层次。吸光类商品的材质主要包括毛皮、绒、麻等，由于它们本身的视觉层次较为丰富，因此只需要通过灯光重点展示出它们本身的层次和色彩即可。

在拍摄吸光类商品时，通常以照射角度偏低的侧光布光形式为主，光源最好采用方向性明确且直观的直射光，这样可以更好地体现出商品原本的层次和色彩。如图 4-1-10 所示的毛巾，对其进行布光应以前侧光和侧逆光为主，前侧光可以突出商品的材质和层次感，侧逆光可以展现商品清晰的轮廓，使商品更加立体。

2．反光类商品布光

与吸光类商品相反，反光类商品通常表面光滑，具有非常强的反光能力，如金属制品、没有花纹的瓷器、珠宝首饰、塑料制品和玻璃制品等，这类商品最好使用照明面积较大的光源或反光板，由于它反光率高，所以最好使用柔光。如图 4-1-11 所示的刀叉，对其进行布光时应以柔和的顺光和侧光为主，调整好光线照射的角度，展现商品最好的状态和细节。

图 4-1-10　毛巾

图 4-1-11　刀叉

3. 透光类商品布光

透光类商品是指光线可以穿透这些商品的材质，有通透的质感，表面光滑，如透明的玻璃、水晶制品，晶莹通透的食品、饮料和塑料等。由于光线可以穿透商品，所以可以使用侧逆光、逆光等灯位，侧逆光可以很好地穿透透光类商品，让商品变得清澈、透亮，从而很好地勾勒出商品轮廓，体现商品质感。如图 4-1-12 所示的透明茶杯，对其进行布光应以侧逆光和逆光为主。将主光源放置在商品的侧面或后方，以产生侧逆光或逆光效果，这样可以突出商品的轮廓和形状，使其更加立体。

图 4-1-12　透明茶杯

做一做

查找相关资料，搜索不同材质的商品，对这些商品进行对比，归纳总结其特点及拍摄时应如何布光，填写表 4-1-5。

表 4-1-5　不同材质的商品应如何布光

不同材质的商品分类	商品举例	商品特点	如何进行布光
吸光类商品布光			
反光类商品布光			
透光类商品布光			

任务评价

填写表 4-1-6，完成自评、互评、师评。

表 4-1-6　任务完成情况评价表

序号	评价内容	评价标准	满分分值	自评	互评	师评
1	商品拍摄布光	能够说出商品拍摄布光的含义	25			
2	商品拍摄的光源类型	能够掌握商品拍摄的光源类型	25			
3	常见的拍摄布光方式	能够灵活掌握商品拍摄的布光方式	25			
4	对不同材质的商品进行布光	能够分辨商品的材质并对其进行布光	25			
总评得分	自评×20%+互评×20%+师评×60%=　　　分					
本次任务总结与反思						

任务实训

实训内容

通过前面的学习，我们已经为家乡特产短视频的拍摄设计好了相应的脚本，准备好了合适的拍摄设备，进行了诸多准备工作，现在我们将针对后续的拍摄工作进行更细致的准备。锁定要拍摄的家乡特产，分析该特产是属于什么材质的商品，以及应如何进行拍摄布光，以达到最好的拍摄效果。本次实训以小组为单位，学习相关内容，归纳总结并填写表 4-1-7。

实训描述

要创作家乡特产短视频，我们应先了解该特产的特质、外观、使用方法及如何布光等。

实训指南

1. 通过淘宝、拼多多等电商平台搜索特产类目，观察其中的家乡特产短视频所使用的布光方式。

2. 通过抖音、小红书等社交媒体搜索特产类目，观察其中的家乡特产短视频所使用的布光方式。

实训总结

表 4-1-7　家乡特产短视频布光方式

小组名称		组员		组长	
特产名称				产地	
家乡特产属于什么材质的商品					
应如何为拍摄家乡特产布光					
家乡特产拍摄的布光技巧有哪些					
总结拍摄家乡特产短视频的布光注意事项					

任务二　布局拍摄画面

任务导入

同学们在拍摄同一个场景或是同一件商品时，有的同学拍摄的画面杂乱无章，让人看不到重点，所拍摄的内容全是"废片"，完全不能使用，而有的同学拍摄的画面整体十分和谐，而且清晰、美观，让人忍不住想多欣赏一会儿，照片的利用率也很高。同学们在拍摄商品时，要多加注意拍摄的角度和构图等方面，使用一些拍摄小技巧才能在拍摄时做到游刃有余。

任务准备

学习目标

1. 组建合作小组，共同解决预学单上的问题。
2. 通过教材、网络等不同途径查阅相关学习资料。

学习过程

1. 学习任务

在拍摄商品短视频时，商品的摆放位置、拍摄角度和构图方式有哪些，以及应如何展示商品的整体和细节，提升视频质量。

2. 填写预学单

阅读学习任务，查找相关资料，填写表 4-2-1。

表 4-2-1　布局拍摄画面预学单

学习内容					
小组名称		组员		组长	
解决问题的方法				解决问题使用的时间	
需要解决的问题					
商品拍摄角度有哪些（请图文并茂说明）					
商品拍摄构图有哪些（请图文并茂说明）					
商品拍摄景别有哪些（请图文并茂说明）					
存在哪些疑问					

任务实施

活动 1　调整商品拍摄角度

活动描述

在拍摄商品短视频的过程中，商品的外观造型及使用说明等方面的展示是需要不同的拍摄角度的。多元素的拍摄视角，可以创造出丰富的画面结构和视觉效果，从而增强商品短视频的艺术感染力，使观众在观看时更有代入感。

活动实施

学一学

什么是拍摄角度

拍摄角度是指以被摄物体为中心，不同的拍摄角度所展现的画面形象不同。简单来讲，是指摄像机和被摄物体在高度上的差异，在拍摄中，常用到的角度主要有平拍、斜拍、俯拍和仰拍。

1. 平拍

平拍是指镜头方向与被摄物体处于同一水平线，以平视的角度来拍摄。平拍的拍摄角度与地平线是平行的，从这个角度拍摄，可以清楚地看到物体的一个侧面，并且只能看到这一面。在镜头拍摄方向不变的情况下，无论是向上平移、向下平移还是左右平移，都属于平拍，如果拍摄角度产生倾斜，就不是平拍了。平拍的画面效果更符合人们观察事物的习惯，能够真实地还原被摄物体的客观形象。平拍视频截图如图 4-2-1 所示。

过多地使用平拍角度会使拍摄画面显得呆板、没有活力。想要改善这样的不足，可以在平拍时从不同方向展现被摄物体。平拍又分正面平拍、侧面平拍和斜面平拍。平拍示意图如图 4-2-2 所示。

（1）正面平拍：镜头在被摄物体正对面，画面很完整、正式，构图对称，缺点是过于端正、不够立体。

（2）侧面平拍：从被摄物体的左右两侧进行拍摄，有利于勾勒被摄物体的侧面轮廓。

（3）斜面平拍：介于正面、侧面之间的拍摄角度，和侧面平拍一样，都有利于勾勒被摄物体的侧面轮廓，给人以鲜明的立体感。

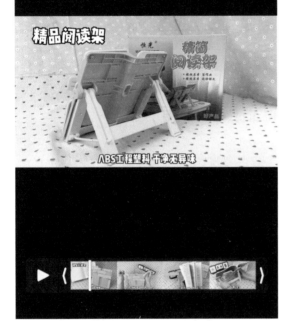

图 4-2-1　平拍视频截图

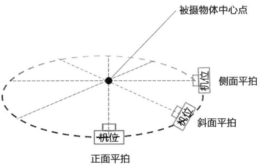

图 4-2-2　平拍示意图

2．斜拍

斜拍是指镜头方向与地平线呈 45°的拍摄角度。即从平拍的方向向上移动镜头，使镜头的拍摄方向与桌面大致呈现 45°夹角，相对于平拍只能看到侧面，斜拍同时兼顾了商品的侧面和上面，表达的画面信息比单纯的平拍更加丰富。

斜拍的拍摄视角符合人们坐在桌子前往下看的视角，因此，使用斜拍的方式拍摄商品或食物，会使观众更有代入感。斜拍视频截图如图 4-2-3 所示。

3．俯拍

俯拍是指镜头方向和地面呈垂直状态。在拍摄商品短视频时，镜头从高处向下拍摄，视野比较宽阔，镜头与被摄物体距离越远，进入镜头的画面元素就越多，画面也就越精彩。相对于平拍和斜拍，俯拍更利于记录商品上面的情况，同时也适合记录商品全局的状态。俯拍视频截图如图 4-2-4 所示。需要注意的是，俯拍时一定要摆正镜头，不要倾斜，由于设备在商品的正上方，灯光照射下来，很容易在商品上形成黑影，因此在俯拍时，要尽量使用侧光。

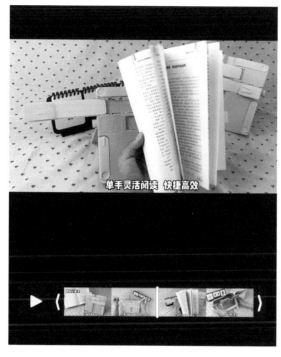

图 4-2-3　斜拍视频截图

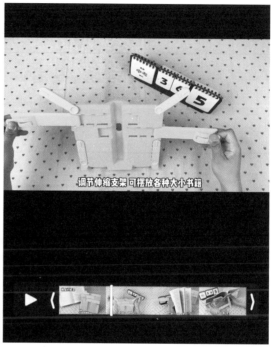

图 4-2-4　俯拍视频截图

4．仰拍

仰拍是指在拍摄短视频时，摄像机从低处向上拍摄，形成一种从下向上看的拍摄视角，画面具有很强的空间立体感。仰拍可以减少画面中混乱背景的出现，从而得到更简洁的画面，使主体更加突出。仰拍适用于拍摄高处的物体或景物，能够使拍摄出来的画面看起来更加完整、修长。仰拍视频截图如图 4-2-5 所示。

扫描二维码观看商品短视频效果

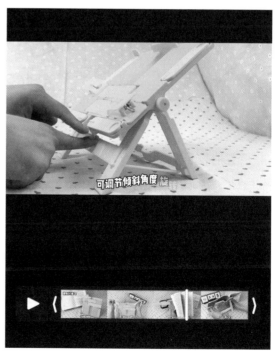

图 4-2-5　仰拍视频截图

做一做

步骤一：了解不同商品的拍摄角度。

访问抖音或小红书平台，输入关键词搜索某种商品，浏览该商品的短视频，归纳总结其中的拍摄角度有哪些并填写表 4-2-2。

表 4-2-2 不同商品的拍摄角度

商品（截取拍摄画面）	展示的内容	拍摄角度	展示的优势

步骤二：了解商品的拍摄角度有哪些。

根据本活动所学的内容，小组合作完成一个商品的拍摄，在拍摄过程中需要有针对地练习平拍、斜拍、俯拍和仰拍的拍摄视角。归纳总结并填写表 4-2-3。

表 4-2-3 商品拍摄角度

商品（截取拍摄画面）	展示的内容	拍摄角度	拍摄效果

活动 2 进行拍摄构图

活动描述

在拍摄照片时进行构图，才能使画面显得高级、耐看。对短视频来说，构图同样重要。如果没有合理的构图，画面就没有层次感和视觉重点，那么短视频的观感就会非常差，尤其是在拍摄商品短视频的过程中，好的构图可以引导消费者看见创作者想要突出的重点，从而使消费者更加深入地了解商品。因此在拍摄时，需要遵循构图原则，只有对画面中的主体进行恰当的摆放，才能让拍摄的视频更具艺术感和美感，更加吸引消费者的眼球。

活动实施

学一学

常用的构图方式有以下几种。

1．中心式构图法

中心式构图法是指，将被摄物体放置在画面的中心位置，人们的视线会自然而然地集中在这个点上，这种构图方法可以使主体更突出、明确，使画面达到平衡效果，如图 4-2-6 所示。

2．对称式构图法

对称式构图法是指，使画面中的被摄物体形成轴对称或中心对称的布局，主要为左右对称和上下对称。它具有平衡、稳定、相呼应的特点，常用于表现对称的或风格特殊的物体及建筑。这种构图方法可以使拍摄出来的画面看起来舒适，更符合人们的主观感受，如图 4-2-7 所示。

3．九宫格构图法

九宫格构图法是拍摄中常用的一种构图方式，如图 4-2-8 所示。它是把整体画面分割为九个格子（大多数手机都设置了九宫格辅助构图线），在拍摄时将被摄物体置于九宫格的交叉点上，使其更突出、画面更美观。

在数学中黄金比例约为 $0.618:1$，所以在画面三分之一左右的位置进行分割，上、下、左、右 4 条线都以此为标准，这 4 条线为画面的黄金分割线，相交的点则为画面的黄金分割点。

图 4-2-6　中心式构图法　　　　图 4-2-7　对称式构图法　　　　图 4-2-8　九宫格构图法

4．对角线构图法

对角线构图法是指，在画面的两个对角之间存在一条连线，将被摄物体放在对角线上或交叉对角线上，形成一种对角的线条感，使画面富有动感，牵引观众的视线，并使其产生一种代入感。只要是遵循整体画面的延伸方向为两个对角的规则的构图法，都为对角线构图法。对角线构图法如图 4-2-9 和图 4-2-10 所示。

5．紧凑式构图法

紧凑式构图法是指，被摄物体以特写的形式拍摄并布满画面，具有充实、饱满等特征，常用于展示商品的整体或局部细节，能够给人留下深刻的印象。紧凑式构图法如图 4-2-11 所示。

图 4-2-9　对角线构图法（一）　　　　图 4-2-10　对角线构图法（二）　　　　图 4-2-11　紧凑式构图法

6. 散点式构图法

散点式构图法是指，将画面中一定数量的被摄物体散落开来，形成一个个单独的散点。这种方式一般用于拍摄商品数量较多时，可以构成商品的多元视角，让画面看上去错落有致、疏密有度，从而产生丰富的视觉效果。散点式构图法如图 4-2-12 和图 4-2-13 所示。

图 4-2-12　散点式构图法（一）　　　　　　图 4-2-13　散点式构图法（二）

> **做一做**

步骤一：了解商品的不同构图方式。

访问抖音或小红书平台，输入关键词搜索感兴趣的商品，浏览该商品的短视频，归纳总结其中的构图方式并填写表 4-2-4。

表 4-2-4　商品的不同构图方式

商品	短视频类型	构图方式	拍摄角度	展示的优势

步骤二：如何进行合理的拍摄构图。

在抖音平台输入关键词搜索感兴趣的商品，浏览不同的商品短视频，根据本活动所学的内容，练习拍摄不同商品的构图方式。归纳总结并填写表 4-2-5。

表 4-2-5　商品拍摄构图

商品（截取拍摄画面）	展示的内容	构图方式	展示的优势	拍摄效果

活动 3　拍摄整体和细节

活动描述

商品的外观、使用说明等内容需要在不同的拍摄画面中进行展示。在拍摄整体画面时，需要较远的镜头距离；在拍摄细节画面时，则需要较近的特写镜头；不同距离的镜头有不同的叙事作用。因此，在拍摄商品短视频时，需要使用不同的景别来完成商品的整体和细节的拍摄。

活动实施

学一学

什么是拍摄距离

拍摄距离是指镜头和被摄物体之间的距离。摄像机与被摄物体的距离不同，导致被摄物体在摄像机寻像器中所呈现的范围大小不同，这称之为景别。被摄物体离镜头越近，画面范围越小，景别越小；被摄物体离镜头越远，画面范围越大，景别越大。

通常根据选取的画面，由远至近将景别分为远景、全景、中景、近景和特写五大类。

1. 远景

远景在景别中范围最大，表现空间也最大，是视距最远的景别。远景多用于表现大规模的意境，以展示人物活动所处的空间背景或环境气氛，如辽阔的草原、绵延的群山等，画面中的人或物隐约可见，其所占的画面比例非常小，画面多以场景为主。在拍摄商品的远景画面时，商品占视频画面的比例也非常小，一般用于展示商品的使用背景，表现商品的整体。

2. 全景

全景的范围比远景要小，但有明确的视觉中心，它重在强调画面主体与环境之间的关系，全景较之远景，人和物的占比更大一些，主要用于表现人物的全身或被摄物体的全貌。在拍摄商品时，主要用于展现商品的全身画面及使用过程等，画面中的主体明确，画面内容丰富，重在强调整体印象，淡化商品细节。全景视频截图如图4-2-14所示。

3. 中景

中景和全景相比，画面容纳的范围有所缩小。中景画面主要是指能够展示商品主要部分和一定周围环境的范围，主要用于展示商品的功能及使用特点，重点在于表现商品本身，同时也可以清晰地表现出商品与周围场景的关系。中景是叙事功能很强的一种景别，可以快速抓住观众的视线，突出商品的特点，是在拍摄商品短视频时用到的比较多的景别。中景视频截图如图4-2-15所示。

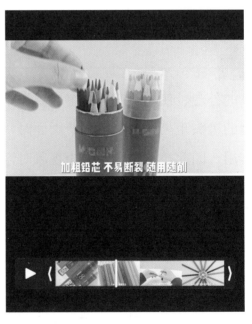

图 4-2-14　全景视频截图　　　　　　　　图 4-2-15　中景视频截图

4. 近景

近景主要是指拍摄局部画面的景别，重在展示被摄物体独有的功能，淡化其整体表现，常被用于细致地表现被摄物体的某个细节。它增强了商品短视频的交互性，观众的主观意识被提高。

近景用在人物上，则主要表现人物的神情；用在物品上，则主要表现物品表面的质感，所展示的画面使观众极有代入感，就像能亲手摸到该物品一样。在拍摄近景时，周围的环境可适当忽略，画面构图应尽量简练，突出主体。近景视频截图如图 4-2-16 所示。

5. 特写

特写主要是指摄像机在很近的距离内拍摄商品，突出被摄物体的某个局部细节或其独有的功能特点，给人一种观察和揭秘的感觉。特写镜头具有强烈的视觉效果，视频画面中展现的无论是人身体的部位还是物品的局部，都可以带给观众深刻的印象。特写视频截图如图 4-2-17 所示。

图 4-2-16 近景视频截图　　　　　　　　图 4-2-17 特写视频截图

扫描二维码观看商品短视频效果

做一做

在商品拍摄时应注意哪些整体和细节展现呢？

根据本活动所学内容，小组合作完成一个商品的拍摄，在拍摄过程中需要有针对地练习不同景别的拍摄，归纳总结并填写表 4-2-6。

表 4-2-6　商品拍摄的景别

商品拍摄图片	采用的景别	采用原因	展示的卖点	商品所占画面比例

任务评价

填写表 4-2-7，完成自评、互评、师评。

表 4-2-7　任务完成情况评价表

序号	评价内容	评价标准	满分分值	自评	互评	师评
1	商品拍摄角度	能够说出商品不同拍摄角度的区别	10			
2	拍摄构图	能够掌握商品拍摄的多种构图方式	20			
3	不同构图方式的区别	能够灵活运用不同的构图方式进行拍摄	25			
4	拍摄的整体和细节	能够掌握商品拍摄的景别	20			
5	不同景别画面的区别	能够灵活运用不同的景别进行拍摄	25			
总评得分	自评×20%+互评×20%+师评×60%=　　　　分					
本次任务总结与反思						

任务实训

实训内容

本次实训以小组为单位，针对家乡特产的不同拍摄角度进行多元化的构图，寻找最佳展示角度。根据家乡特产整体和细节的展示需要，确定不同的景别画面，归纳总结并填写表 4-2-8。

实训描述

继续创作家乡特产短视频，了解其拍摄角度、构图方式、拍摄景别等。

实训指南

1．通过淘宝、拼多多等电商平台搜索特产类目，观察其中的家乡特产短视频所使用的拍摄角度、构图方式及景别画面。

2．通过抖音、小红书等社交媒体搜索特产类目，观察其中的家乡特产短视频所使用的拍摄角度、构图方式及景别画面。

实训总结

表 4-2-8 家乡特产短视频拍摄画面

小组名称		组员		组长	
家乡特产名称				产地	
拍摄家乡特产短视频需要哪些不同的拍摄角度					
拍摄家乡特产短视频应如何进行构图					
在拍摄家乡特产短视频时运用了哪些景别画面					
总结拍摄家乡特产短视频时不同构图的技巧					
总结拍摄家乡特产短视频时不同景别的注意事项					

任务三 运镜拍摄动态效果

任务导入

通过前面的学习，同学们已经掌握了拍摄商品短视频的布光方式、拍摄角度、构图方式、拍摄景别等一系列的方法与技巧。在拍摄商品短视频的过程中，还需要一些运镜技巧将不同的画面与镜头连贯起来，不同的运镜方式有助于烘托不同的氛围，提升视频整体的质量。

任务准备

学习目标

1. 组建合作小组，共同解决预学单上的问题。

2. 通过教材、网络等不同途径查阅相关学习资料。

学习过程

1. 学习任务

了解在拍摄商品短视频时，需要哪些不同的运镜方式和运镜技巧。

2. 填写预学单

阅读学习任务，查找相关资料，填写表 4-3-1。

表 4-3-1　运镜拍摄动态效果预学单

学习内容					
小组名称		组员		组长	
解决问题 的方法				解决问题 使用的时间	
需要解决的问题					
常见的运镜方式有哪些 （请截图保存不同运镜方式下的视频）					
不同的运镜方式之间有什么区别 （请截图保存不同运镜方式下的视频）					
运镜技巧有哪些 （请截图保存不同运镜方式下的视频）					
存在哪些疑问					

 任务实施

活动 1　学习常见的运镜方式

活动描述

在商品短视频拍摄中，画面的固定镜头并不多。这是因为这类镜头比较生硬，对商品的解说能力比较单一。在商品短视频中，更多的是运动镜头，也就是让拍摄的商品画面动起来，进行多方位的展示，使画面具有动感，这样拍出来的视频才会更有活力和吸引力。熟练使用这些运镜方式，可以更好地突出画面细节和要表达的主题内容，从而使消费者更加关注商品本身。

活动实施

学一学

按照拍摄方法对镜头形式进行分类，可以分为固定镜头和运动镜头。

1. 什么是固定镜头

固定镜头是指在拍摄商品短视频时，镜头的机位、光轴和焦距等都保持固定不变，适用于拍摄商品的用途、使用方法和有商品特色的画面等。

固定镜头的作用是交代场景，有利于表现静态的环境，同时固定镜头的稳定视点和静止的整体框架等特点，可以突出画面中的被摄物体。有的固定镜头时间较长，有的固定镜头时间较短，长固定镜头一般是对人或物的动作过程的完整记录，短固定镜头一般是对人或物的某一点进行详细说明，所表达的信息量集中且明确，常用于拍摄近景的景别画面。如图 4-3-1 和

图 4-3-2 所示的固定镜头视频截图，对尺子的使用方法进行详细的演示说明时，采用的都是长固定镜头的拍摄手法。

图 4-3-1 固定镜头视频截图（一）

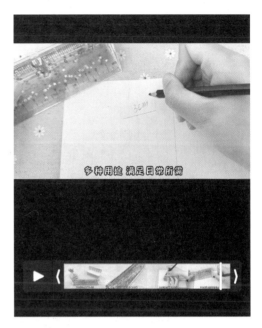

图 4-3-2 固定镜头视频截图（二）

扫描二维码观看商品短视频效果

2. 什么是运动镜头

运动镜头又称运镜，它是指通过改变摄影机的位置和角度创造不同的视觉效果，因此在拍摄形式上，运动镜头要比固定镜头更加多样化。不同的运镜方式有不同的叙事作用，下面主要介绍 7 种运镜方式，即推镜头、拉镜头、摇镜头、移镜头、跟镜头、甩镜头、升降镜头。

1）推镜头

推镜头即推拍，指镜头瞄准一个主体，主体不动镜头从后向前推，取景范围由大变小，主体的局部细节逐渐放大。随着摄像机的前推，画面经历了由远景变为中近景甚至特写的一个变化，是拍摄时经常用到的一种运镜方式。

推镜头的主要作用是突出主体，加强视觉感受，这符合人们在实际生活中由远及近、从整体到局部、由全貌到细节的观察事物的视觉变化规律。如图 4-3-3 和图 4-3-4 所示的推镜头视频截图，展示了商品画面由远及近的过程。

2）拉镜头

拉镜头与推镜头是相反的，被摄物体不动，镜头由近及远向后进行拉摄运动，逐渐远离被摄物体，取景范围由小变大。被摄物体的细节及整体逐渐不再布满画面，交代了环境关系。拉镜运动可使观众视线后移，看到局部和整体之间的关系。如图 4-3-5 和图 4-3-6 所示的拉镜头视频截图，展示了商品画面由近及远的过程。

图 4-3-3　推镜头视频截图（一）

图 4-3-4　推镜头视频截图（二）

图 4-3-5　拉镜头视频截图（一）

图 4-3-6　拉镜头视频截图（二）

扫描二维码观看商品短视频效果

3）摇镜头

在拍摄摇镜头时，人站在原地不动，镜头通过左摇、右摇、上摇、下摇来拍摄画面，类似于人转头看向物体的角度。摇镜头是为了展现更多的场景或引导观众的视线。例如，在画面中无法展现某个商品的全貌时，就可以利用左右摇镜头来展示更多的内容；在拍摄比较高的商品时，可以利用上下摇镜头来展现其高大、修长的特点。摇镜头在展示景物时，会使人产生身临其境的感觉。摇镜头视频截图如图 4-3-7、图 4-3-8 和图 4-3-9 所示。

图 4-3-7 摇镜头视频截图（一）

图 4-3-8 摇镜头视频截图（二）

图 4-3-9 摇镜头视频截图（三）

扫描二维码观看短视频效果

4）移镜头

移镜头是指镜头沿着水平方向左右横移，类似于生活中人们边走边看的状态。移镜头主要用于介绍被摄物体与场景之间的关系。相较于摇镜头，移镜头有更大的自由度，可以打破画面的局限性，扩展空间。移镜头和摇镜头的区别在于，摇镜头是人站着不动，镜头上下左右移动，移镜头是人和镜头同时在运动，多用于较大的场景或外景拍摄。移镜头视频截图如图 4-3-10 和图 4-3-11 所示。

图 4-3-10 移镜头视频截图（一）　　　　　　　图 4-3-11 移镜头视频截图（二）

扫描二维码观看短视频效果

5）跟镜头

跟镜头又称跟踪拍摄，是指跟随主体并保持等距离运动的移动镜头。跟镜头始终跟随运动着的主体，它使观众的视线也始终紧随主体，这种拍摄手法比较灵活，拍摄的画面有极强的穿越空间的感觉，适用于表现人或物连续的动作或局部的变化。镜头可以在主体后面跟随拍摄，也可以在主体前面跟随拍摄。跟镜头视频截图如图 4-3-12 所示。

图 4-3-12 跟镜头视频截图

扫描二维码观看短视频效果

6）甩镜头

甩镜头是指快速移动拍摄设备，将镜头从一个被摄物体甩向另一个被摄物体，在摇转过程中所拍摄下来的部分影像是模糊不清的，可用于表现急剧的变化。甩镜头常用于表现人物视线的快速移动或某种特殊的视觉效果，使画面有一种突然性和爆发力，它的节奏是极快的，可以形成突然的过渡。

扫描二维码观看短视频效果

7）升降镜头

升降镜头是指摄像机借助升降装置做上下运动进行拍摄。升镜头是指镜头向上移动形成俯拍效果，以显示空间感。降镜头是指镜头向下移动进行拍摄，可营造气势。升降镜头多用于拍摄较高、较长的物体及大型场景。如图 4-3-13 和图 4-3-14 所示的升镜头视频截图，展示了拍摄镜头缓慢上升的过程，由下及上的运镜展示了商品的所有细节。

图 4-3-13　升镜头视频截图（一）　　　　图 4-3-14　升镜头视频截图（二）

升降镜头是通过多个视野表现商品场景的一种方法，通过视点的连续变化形成多角度、多方位的构图效果。升降镜头在速度和节奏方面运用得当，可以创造性地表达特定场景的节奏。如图 4-3-15 和图 4-3-16 所示的降镜头视频截图，展示了拍摄镜头缓慢下降的过程，由上及下地对商品进行了多方位的展示。

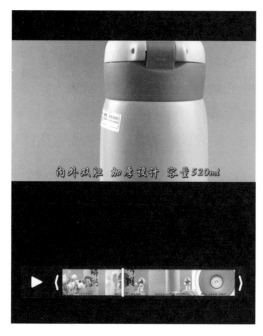

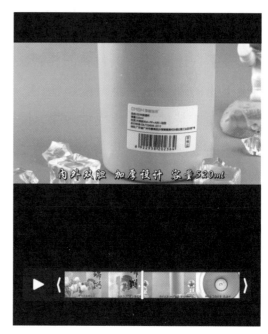

图 4-3-15 降镜头视频截图（一）   图 4-3-16 降镜头视频截图（二）

扫描二维码观看商品短视频效果

以上是在拍摄商品短视频时经常用到的运镜方式，不同的运镜方式对商品的解说有不同的作用，任何一种运镜方式在实际拍摄过程中都不是孤立存在的，需要根据视频的实际内容综合运用。这些内容是运镜方式中的入门级镜头，其他更复杂的镜头都是在这些镜头的基础上衍生而来的。当我们灵活掌握不同的运镜方式后，不仅可以使视频更加完整、流畅，还可以使画面充满活力，视频内容也会变得更加高级。

【做一做】

步骤一：了解不同商品的运镜方式。

访问抖音或小红书平台，搜索某个类目的商品，浏览该商品的短视频，归纳总结其中使用的运镜方式并填写表 4-3-2。

表 4-3-2 商品拍摄的运镜方式

镜头顺序	运镜方式	时长	画面内容	视觉效果	对商品展示的作用
1					
2					
3					
4					
5					

步骤二：挑选一款商品，使用常见的运镜方式练习拍摄。

根据所学内容，小组合作完成一个商品的拍摄，有针对地练习拍摄不同商品的各种运镜方式。归纳总结并填写表 4-3-3。

表 4-3-3　商品拍摄运镜

镜头顺序	采用的景别	运镜方式	拍摄内容	展示的优势	画面截图展示
1					
2					
3					
4					
5					

活动 2　掌握运镜技巧

活动描述

看似复杂的运动镜头，其实大部分都是由基础的运镜组合得来的，通过不断进行拍摄练习，总结运镜技巧，可以提高所拍摄短视频的画面质量。当我们熟练掌握运镜技巧时，就可以拍摄出大片质感的短视频。

活动实施

学一学

常用的运镜技巧包括以下几种。

1. 在拍摄视频时，最重要的一点就是要保持双手稳定。双手握住手机，肘部最好紧贴身体，这样有助于减少手机抖动，让视频画面看起来更流畅。也可以使用手机支架、三脚架或手持稳定器等设备，尤其是在拍摄运动的画面时，需要使用稳定器的跟随模式，防抖防颤，增加画面的稳定性。三脚架如图 4-3-17 所示，手持稳定器如图 4-3-18 所示。

图 4-3-17　三脚架

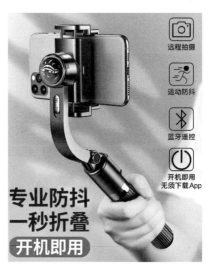

图 4-3-18　手持稳定器

2．在拍摄推镜头时，可以选用手机的 0.5 倍超广角镜头，这样拍摄出来的画面更具视觉冲击力，如图 4-3-19 所示。在做向前推的运镜时，可以借助一些线条感比较强的参照物，这样动感会更强，视觉上也更有冲击力，这个运镜技巧可以应用到很多运镜方式中。

图 4-3-19　手机的 0.5 倍超广角镜头拍摄的画面

扫描二维码观看短视频效果

3．拍摄拉镜头时，在画面的开始，可以隐藏一些内容，随后慢慢地向后拉，将隐藏的内容露出来，画面的内容由少变多，逐渐丰富。在拉镜头时，镜头逐渐远离被摄物体，向后移动，因此要提前规划好运动路线，在保持匀速移动的同时确保拍摄的稳定性。拉镜头视频截图如图 4-3-20 和图 4-3-21 所示。

图 4-3-20　拉镜头视频截图（一）　　　　图 4-3-21　拉镜头视频截图（二）

扫描二维码观看短视频效果

4．在拍摄移镜头时，人和手机同时移动，会因控制不好平衡而出现画面抖动，这时就需要用到稳定器等专业设备，以便在拍摄左移和右移画面时保持水平。注意尽量保持镜头稳定，以匀速的方式移动，这样可以提高画面的稳定性和清晰度。

5．甩镜头跟移镜头类似，移镜头是慢慢地从左移到右，甩镜头是快速地从左甩到右，从一个画面快速地甩到另一个画面，主要用于自然衔接两个不同的场景。不管是用于不同画面的展示还是转场，这种运镜方式都可以使视频转接得更加自然，不会显得生硬，可以营造出画面转向模糊的即视感，效果与特效类似。

6．环绕运镜不同于摇镜头和移镜头，它是指镜头围绕被摄物体转动时，被摄物体在画面中的位置不变，背景发生移动，通常用于拍摄一些本身不会移动的商品。这种运镜方式可以展示被摄物体的不同侧面，让画面更加多元且富有张力，也可以起到渲染氛围的作用。需要注意的是，环绕运镜需保证镜头与被摄物体之间的距离一直保持一致，不然就会变成平移运镜。如图 4-3-22、图 4-3-23 和图 4-3-24 所示的环绕镜头视频截图，展示了使用环绕运镜所拍摄的商品在使用过程中不同方位的画面。

  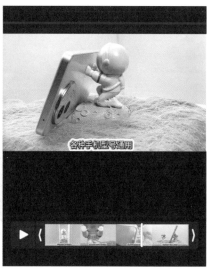

图 4-3-22 环绕镜头视频截图（一）　图 4-3-23 环绕镜头视频截图（二）　图 4-3-24 环绕镜头视频截图（三）

扫描二维码观看商品短视频效果

7．旋转运镜是指摄像机围绕被摄物体做圆周或弧形运动，可以是水平方向的，也可以是垂直方向的，用于展现三维空间关系，增加场景深度。旋转运镜主要用于在视觉上强化主题，突出叙事过程中的运动或戏剧性的变化。在本项目任务二活动 3 的彩铅视频中，就有两个使用旋转运镜的画面。旋转镜头视频截图如图 4-3-25、图 4-3-26 和图 4-3-27 所示。

图 4-3-25　旋转镜头视频截图（一）

图 4-3-26　旋转镜头视频截图（二）

图 4-3-27　旋转镜头视频截图（三）

扫描二维码观看商品短视频效果

做一做

商品拍摄时应注意哪些运镜问题呢？

根据本活动所学内容，小组合作完成一个商品的拍摄，在拍摄过程中需有针对地练习不同的运镜技巧，归纳总结在拍摄过程中需要注意的问题并填写表 4-3-4。

表 4-3-4　商品拍摄运镜技巧

镜头顺序	运镜方式	拍摄内容	运镜技巧	拍摄不足之处	如何改进
1					
2					
3					
4					
5					

任务评价

填写表 4-3-5，完成自评、互评、师评。

表 4-3-5　任务完成情况评价表

序号	评价内容	评价标准	满分分值	自评	互评	师评
1	商品拍摄的运镜方式	能够掌握商品拍摄时的多种运镜方式	30			
2	不同运镜方式之间的区别	能够灵活运用不同的运镜方式进行拍摄	30			
3	掌握运镜技巧	能够掌握多种运镜技巧，保证拍摄的画面稳定	40			
总评得分	自评×20%+互评×20%+师评×60%=　　　　　分					
本次任务总结与反思						

任务实训

实训内容

通过对本任务的学习，我们可以运用不同的运镜方式对家乡特产进行多方位的展示拍摄，使视频的整体画面更加流畅、丝滑、有吸引力。本次实训以小组为单位对家乡特产进行拍摄，在拍摄过程中根据家乡特产的不同特点，以及要注意的问题，运用不同的运镜方式进行展示，归纳总结并填写表 4-3-6。

实训描述

创作家乡特产短视频，了解其在拍摄时需要用到哪些运镜方式与技巧，在后续的拍摄过程中，进行强化练习。

实训指南

1. 通过淘宝、拼多多等电商平台搜索特产类目，观察其中的家乡特产短视频所使用的运镜方式及技巧。

2．通过抖音、小红书等社交媒体搜索特产类目，观察其中的家乡特产短视频所使用的运镜方式及技巧。

3．拍摄家乡特产短视频，并将拍摄的作品分享至社交媒体。

实训总结

表 4-3-6　家乡特产短视频运镜方式及技巧

小组名称		组员		组长	
家乡特产名称				产地	
在拍摄家乡特产短视频时需要用到哪些不同的运镜方式					
不同的运镜方式对家乡特产的展示有什么不同的效果					
在拍摄家乡特产短视频时需要用到哪些运镜技巧					
总结拍摄家乡特产短视频时运镜的注意事项					

任务四　掌握整体拍摄技巧

任务导入

随着短视频的流行，商品介绍越来越倾向于用短视频的方式呈现。通过对前面内容的学习，我们已经可以完成商品短视频的完整拍摄，但还需要了解一些商品短视频拍摄过程中的拍摄要点，以及不同商品的拍摄思路。

任务准备

学习目标

1．组建合作小组，共同解决预学单上的问题。

2．通过教材、网络等不同途径查阅相关学习资料。

学习过程

1．学习任务

了解拍摄商品短视频时的拍摄要点，以及不同商品的拍摄思路。

2．填写预学单

阅读学习任务，查找相关资料，填写表4-4-1。

表4-4-1　掌握整体拍摄技巧预学单

学习内容					
小组名称		组员		组长	
解决问题 的方法				解决问题 使用的时间	
需要解决的问题					
商品短视频的拍摄要点有哪些					
外观型商品的拍摄思路是什么 （举例哪些商品属于外观型商品）					
功能型商品的拍摄思路是什么 （举例哪些商品属于功能型商品）					
综合型商品的拍摄思路是什么 （举例哪些商品属于综合型商品）					
存在哪些疑问					

任务实施

活动 1　了解商品短视频的拍摄要点

活动描述

通过对本项目中前面几个任务的学习，我们已经具备了拍摄商品短视频的专业知识，对拍摄商品短视频也变得更加得心应手。但是在拍摄商品短视频时，还是有很多需要注意的问题，只有做到全面的准备，才能创作出一个完美的商品短视频作品。

活动实施

学一学

商品短视频的拍摄要点有以下几个方面。

1．拍摄现场的光线要充足

在拍摄商品短视频时，环境中的光线一定要充足，这样才能拍出清晰的画面，进而更好地展现商品。如果光线较暗，则建议使用补光灯对商品进行补光，同时注意不要使用会闪烁的光源，避免曝光拍摄。另外，在拍摄前要注意清理摄像头，以免因摄像头上有污垢而影响画面的清晰度。拍摄现场光源如图4-4-1所示。

图 4-4-1 拍摄现场光源

2．拍摄台要干净整洁

在拍摄商品短视频时，拍摄台要提前擦拭干净，保持整洁，确保拍摄背景中没有多余的杂物，最好以简洁为主。同时，在拍摄过程中，注意镜头不要穿帮。拍摄台可以根据被摄物体在镜头内的场景进行布置，尽可能地营造出想要表达的氛围。拍摄台如图 4-4-2 所示。

图 4-4-2 拍摄台

3．选择合适的拍摄场景

合适的拍摄场景可以烘托氛围，让消费者有身临其境的感觉，让商品完全融入拍摄场景，这样拍摄出的画面更加美观、有吸引力，更符合人们的视觉习惯，看起来也更赏心悦目。例如，运动背包适合在户外场景拍摄，而精致的皮包应尽量选择在办公室等"白领化"的场景拍摄，不同的包有不同的场景需求。若将商品放在不合适的场景拍摄，则消费者看到后也会觉得奇怪，无法产生购买欲望。如图 4-4-3 所示的面包和咖啡的布景就很和谐。

4．围绕商品卖点进行拍摄

在拍摄商品短视频之前，要先确定自己的拍摄思路，即通过何种方式拍摄可以使商品的卖点更好地呈现在消费者眼前。在商品短视频中需要体现商品的价值和用户体验，让消费者切实感受到商品的优点。例如，在拍摄精品阅读架的短视频时，可以通过拍摄精品阅读架的安装过程、使用方式，以及介绍其可以帮助孩子养成的良好习惯，使消费者在商品短视频中感受到该商品的功能。精品阅读架的卖点展示如图 4-4-4 所示。

图 4-4-3　面包和咖啡的布景

图 4-4-4　精品阅读架的卖点展示

5．展示内部细节

在商品短视频中，大部分画面展示的是商品外观和使用方式等，其实商品的内部结构等从外观上看不见的细节也是值得大家拍摄的画面。在拍摄笔袋、书包、衣服、鞋子等商品时，可以将这些商品打开，为消费者展示商品的内部结构，从消费者的角度出发，拍摄一些不容易看到的细节，从而打消其顾虑。这样也可以使商品的展示更加完整。商品内部细节展示如图 4-4-5 所示。

6．注意视频整体时长

注意商品短视频的整体时长，过于冗长的视频会使人没有耐心看完，现在人们大都喜欢快节奏的视频，因此时长最好控制在一分钟左右，用尽可能简短的镜头和文字来介绍商品的外观、功能和使用方法等重要信息。短视频的时长一般要求在 5 分钟以内，抖音平台上的大部分短视频在 15 秒到 1 分钟之间，不同的短视频平台有不同的时长规范和要求。不同时长视频的播放量如图 4-4-6 所示，15～30 秒范围内的视频播放量是最高的。

图 4-4-5　产品内部细节展示

图 4-4-6　不同时长视频的播放量

访问抖音、快手或小红书平台，输入不同类目的商品，浏览相关商品的短视频，归纳总结不同商品短视频的拍摄要点并填写表4-4-2。

表4-4-2　不同商品短视频的拍摄要点

商品图片	拍摄要点一	拍摄要点二	拍摄要点三	拍摄要点四

活动2　学习不同商品的拍摄思路

活动描述

现在短视频已成为商品的主要展示形式，因此，在销售商品之前，首先要拍摄一些美观度较高的短视频，只有画面既漂亮又真实，才能够激起消费者的兴趣。不同的商品有不同的特点，在拍摄商品短视频时有不同的侧重点和注意事项，拍摄思路也不同。

活动实施

学一学

不同商品的拍摄思路有以下几种。

1. 外观型商品的拍摄思路

外观型商品注重审美和视觉效果，以其独特的造型特点吸引消费者的注意力。例如，图案、颜色、大小等，因此在拍摄外观型商品时，需重点展现商品的外在形象和装饰效果。

在拍摄商品短视频时，应全方位展示商品的整体外观，让消费者对其有一个初步的印象。在外观展示的基础上，还需要对商品的局部细节进行特写拍摄，细节精美的外形往往是吸引消费者的关键，通过特写画面捕捉商品的纹理、图案或特色设计，突出商品的材质和质感。通过多角度的呈现，让消费者全面了解商品的外观特点和细节设计。

拍摄思路：首先利用全景拍摄商品的整体外观画面，然后利用近景或特写强调商品的局部特色设计，可以通过多个特写镜头展示商品不同方位的外观细节，例如，商品的质感、图案、造型等，最后以近景或中景画面结束。

大部分外观型商品都不仅仅是作为一件单纯的艺术品存在，因此在拍摄外观型商品时，还需要增加一些使用商品的场景镜头，这样会使视频展示的内容更加真实和完整。

例如，在拍摄宇航员创意手机支架短视频时，首先拍摄宇航员创意手机支架的整体外观，以其可爱卡通的形象吸引大家的眼球。然后拍摄局部细节和近距离特写镜头，展示其精美的做工和质量，以及独特的装饰作用。最后从实用性的角度出发，拍摄一些功能特点，展示其既能作为手机支架，又能作为家庭艺术摆件的特性，表现其是一件既好看又实用的外观型商品。宇航员创意手机支架的拍摄思路如图 4-4-7 所示。

图 4-4-7　宇航员创意手机支架的拍摄思路

扫描二维码观看商品短视频效果

2. 功能型商品的拍摄思路

功能型商品通常具有一种或多种功能，市场竞争力往往体现在其实用性和操作便捷性上。因此，在拍摄功能型商品时，需要充分展现其核心功能和设计优势，同时注重操作演示和场景展示，以吸引消费者。

在拍摄过程中，应首先明确商品的核心功能，并通过镜头语言表达出来，可以通过近景动态展示其主要特点，解释说明其核心功能。然后展示商品的实用性，功能型商品的特殊实用性往往体现在商品的品质和用心方面，如材质、工艺、布局等，可以使用特写镜头来展现其实用性，多角度的细节拍摄可以帮助消费者了解商品的品质和性能。为了直观地展示商品的功能和使用方法，可以在拍摄过程中加入操作演示环节，展现商品在实际应用中的便捷性和使用效果。

拍摄思路：首先拍摄商品的整体外观；然后拍摄近景画面，强调核心功能；接着通过多个特写画面展示商品的实用性，尤其是商品的独特性能和品质；最后在真实或模拟场景中演示使用方法，通过中景或全景画面让消费者产生代入感，以其真实的使用场景作为结束。

例如，在多功能蒸蛋器的短视频中，通过多个近景和特写镜头对蒸蛋器的易操作、节省时间和可烹饪多种食材等特点进行了详细演示，以生活化的方式使观众看到了真实的使用场景，同时也对商品的材质和安全细节进行了展示，使消费者更加全面、立体地了解了这款商品。尤其是易操作和多功能的商品卖点，成了吸引学生、上班族等群体的主要原因。多功能蒸蛋器的拍摄思路如图 4-4-8 所示。

图 4-4-8　多功能蒸蛋器的拍摄思路

扫描二维码观看商品短视频效果

3. 综合型商品的拍摄思路

综合型商品是指兼外观造型和功能特色于一体的商品，在日常生活中，我们会更倾向于选购此类商品，在拍摄这类商品的短视频时需要同时兼顾这两个特点，既要拍摄商品的外观特色，又要拍摄商品的功能特点，还要贴合商品的使用场景，充分展示其使用效果。如果是生活中经常使用的商品，则可以选择生活场景作为拍摄环境。

拍摄思路：在拍摄综合型商品时，应尽量做到全面，对于商品的展示越细节越好，既要有漂亮的外观画面，又要有实际功能展示的画面，多使用近景和特写镜头来表现商品的性能和独特性。尤其是商品在生活中实际应用的画面，越具体越详尽越好，这样才能让观众对商品的使用更有画面感。

例如，精品阅读架就是一款典型的综合型商品，不仅外形非常美观，也具备强大的功能。因此在拍摄商品短视频时，可以通过一个比较美观的整体画面作为开场，让消费者对阅读架的颜色及构造有一个整体印象，随后多角度全方位地展现阅读架的材质、安全性，以及便利的阅读功能，逐渐打消消费者的疑虑，并通过演示其使用方法使消费者全面了解这款商品。精品阅读架的拍摄思路如图4-4-9所示。

图 4-4-9　精品阅读架的拍摄思路

扫描二维码观看商品短视频效果

做一做

了解不同商品的拍摄思路，挑选一款商品，分析其商品类型，确定拍摄思路并进行短视频的拍摄，随后将拍摄的作品分享至社交媒体。

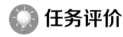 **任务评价**

填写表 4-4-3，完成自评、互评、师评。

表 4-4-3　任务完成情况评价表

序号	评价内容	评价标准	满分分值	自评	互评	师评
1	商品短视频的拍摄要点	能够说出商品短视频的主要拍摄要点	25			
2	外观型商品的拍摄思路	能够掌握不同外观型商品的拍摄思路	25			
3	功能型商品的拍摄思路	能够掌握不同功能型商品的拍摄思路	25			
4	综合型商品的拍摄思路	能够掌握不同综合型商品的拍摄思路	25			
总评得分	自评×20%+互评×20%+师评×60%=			分		
本次任务总结与反思						

任务实训

实训内容

通过前面的学习，我们已成功拍摄了家乡特产短视频，积累了更多的拍摄短视频的经验。本次实训以小组为单位，讨论在拍摄家乡特产短视频过程中遇到的问题和拍摄思路，归纳总结并填写表 4-4-4。

实训描述

了解拍摄过程中的要点及拍摄思路，学习相关内容。

实训指南

1. 通过淘宝、拼多多等电商平台搜索特产类目，观察其家乡特产短视频所使用的拍摄要点。

2. 通过抖音、小红书等社交媒体搜索特产类目，分析其家乡特产短视频的拍摄思路。

实训总结

表 4-4-4 家乡特产短视频拍摄要点及思路

小组名称		组员				组长	
家乡特产名称						产地	
在拍摄家乡特产短视频时需注意哪些拍摄要点							
该特产的拍摄思路是什么							
总结在拍摄家乡特产短视频过程中的注意事项							

 思政园地

探寻家乡特产之美：拍摄精神与工匠之心

拍摄一部关于家乡特产的短视频需要投入大量的时间和精力，因此在整个拍摄过程中，要始终保持精益求精的态度，无论是前期的调研和策划阶段，还是拍摄和后期创作阶段，都要不断追求卓越和完美，通过反复的修改和打磨，创作出高质量、有价值的作品，使视频准确、生动地展示家乡特产的魅力和价值。

在拍摄家乡特产短视频之前，需要深入了解家乡特产的历史、制作工艺、独特之处及市场价值，确保我们对家乡特产有全面的了解，并以此为根据准备拍摄设备，制定视频的主题、风格、拍摄地点和人员分工，确定拍摄工作计划。

记录工匠们选择原料、操作工艺及与时创新等关键环节，展示他们精湛的技艺和严谨的态度，使用特写镜头拍摄特产的外观、色泽和质地，让观众切实感受到制作过程的精细和用心。用镜头记录工匠故事，通过视频使大家了解他们的从业经历、对工艺的热爱和追求，使观众更加深入地了解工匠精神和特产背后的文化内涵。

通过拍摄素材，进行剪辑和拼接，保留精彩瞬间和关键信息，形成连贯有趣的短视频。将创作完成的短视频利用社交媒体、网络平台等渠道，进行线上宣传和推广，与更多人分享家乡特产，传播工匠精神，并通过社交媒体，与观众进行互动、交流，了解他们的需求和喜好，为未来的拍摄提供参考和灵感。通过每一个人微小的付出和努力，传承和发扬家乡特产的文化价值和经济价值。

中国的土地广阔，各具特色，家乡特产是每个地方的骄傲，它是一个地区独有的文化符号，不仅承载着地域文化的独特内涵，还见证了历史的传承，我们从中可以窥探当地人民世代相传的智慧和技艺，感受他们对家乡的热爱。拍摄关于家乡特产的短视频，是一件充满挑战又很有意义的事情。

剪辑商品短视频

剪辑作为商品短视频创作中不可或缺的一环，实际上是对镜头语言和视听语言的再创作。它通过对原始素材进行精心挑选、组合和排列，赋予视频作品新的生命和意义。不同的剪辑手法可以创作出画面效果和风格截然不同的视频作品，从而向观众传达不同的情感和信息。同学们在前面已经对商品进行了脚本撰写和拍摄。在本项目中，李老师将带领大家使用剪映App 来进行视频剪辑。在学习过程中掌握更多的剪辑手法和技巧，为后续创作出更多优秀的视频作品打下坚实的基础，努力为观众带来更加丰富多彩的视听体验。同学们可以利用所学技能为家乡特产创作一个精彩的短视频，为乡村振兴贡献自己的一份力量！

本项目将带领同学们学习剪映App 中的基本剪辑方法、设置商品短视频字幕、设置商品短视频音频、设置商品短视频特效等功能。

知 识 目 标

1. 掌握剪映App 的基本操作界面和工具，熟练进行视频剪辑、分割、调色等。

2. 学会在剪映App 中添加和编辑字幕，包括文字内容、字体样式、动画效果等。

3. 掌握剪映App 中音频的编辑技巧，包括音频的导入、剪辑、音效添加等。

4. 学会在商品短视频中添加特效，如转场特效、动画特效、蒙版合成处理等，提升视频的视觉效果。

能 力 目 标

1. 通过实践操作熟悉从素材导入到视频输出的整个剪辑流程，形成完整的创作思路。

2. 培养创新思维和审美能力，能够根据不同的视频内容和主题，选择合适的字体样式、音频和特效等内容。

3. 掌握视频剪辑的规范和标准，确保创作的视频符合平台要求和观众喜好。

素养目标

1. 培养团队合作和沟通能力，在小组项目中积极分享经验、互相帮助，共同完成视频创作任务。

2. 强调商品的价值和品质，传递品牌的核心价值观和文化理念。

3. 培养借助商品短视频助力乡村振兴的思维，服务美丽乡村建设。

项目导图

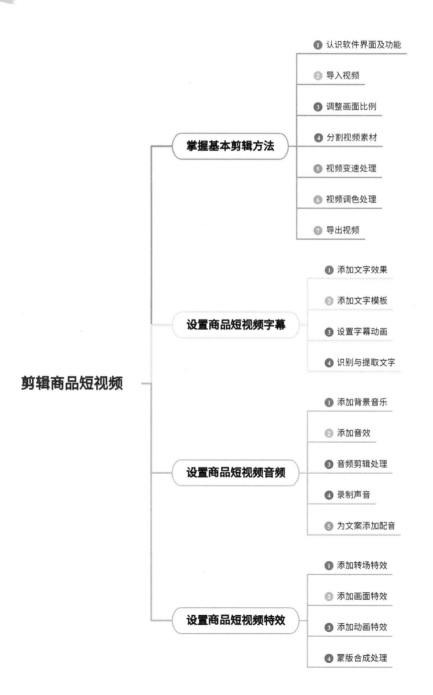

任务一 掌握基本剪辑方法

 任务导入

随着社交媒体的普及，短视频成了人们分享生活、表达观点的重要方式。而掌握视频剪辑技能，不仅可以让短视频作品更加生动、有趣，还可以提升创作能力和审美水平。因此，同学们需要事先在手机中下载并安装剪映 App，它拥有简洁明了的操作界面和丰富的剪辑功能，可为创作的商品短视频增加亮点。

 任务准备

学习目标

1. 组建合作小组，共同解决预学单上的问题。
2. 熟悉剪映 App 的操作界面和工具，掌握基本的剪辑技巧。

学习过程

1. 学习任务

了解剪映 App 的功能，学习其基本的剪辑操作，包括导入视频、调整画面比例、分割视频素材、视频变速处理、视频调色处理及导出视频等。

2. 填写预学单

阅读学习任务，查找相关资料，填写表 5-1-1。

表 5-1-1　掌握基本剪辑方法预学单

学习内容				
小组名称		组员		组长
解决问题的方法				解决问题使用的时间
需要解决的问题				
熟悉剪映 App 的启动界面，熟练找到每个工具的位置				
剪映 App 如何导入视频素材				
常用的调整画面的比例有哪些				
分割视频素材的具体应用有哪些				
视频变速处理的技巧有哪些				
视频调色处理的方法有哪些				
导出视频对关键帧、分辨率的要求有哪些				
存在的疑问有哪些				

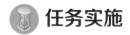**任务实施**

活动 1　认识软件界面及功能

活动描述

认识和了解剪映 App 界面中的主要功能区。

活动实施

学一学

剪映 App 是一款功能强大的视频剪辑软件，其软件界面设计直观、布局清晰，各个功能模块一目了然，用户可快速找到所需功能。

1．时间轴：它是剪映 App 中非常重要的一个部分，展示了视频和音频的播放顺序和时长。在时间轴上，用户可以清晰地看到每个素材的起始和结束位置，方便视频剪辑和素材拼接。

2．轨道：剪映 App 的轨道设计使用户可以轻松管理视频、音频和文本等素材。视频轨道通常位于轨道的最上方，用于展示和编辑视频素材。在视频轨道的下方，通常会有音频轨道，用于添加和调整音频素材。此外，还有文本轨道和滤镜轨道等，用于添加文本、滤镜等特效，丰富视频内容。

3．工具栏：它位于剪辑视频界面的最下方，包括剪辑、音频、文本、贴纸、画中画、滤镜和调节等功能。这些功能可以帮助用户快速完成视频的剪辑和美化工作。

总体来说，剪映 App 的图形界面设计简洁明了，功能齐全且易于操作。通过合理利用时间轴、轨道和工具栏等功能区，用户可以轻松完成视频的剪辑和编辑工作，创作出高质量的短视频作品。

做一做

在手机中下载安装并登录剪映 App，打开之后的界面如图 5-1-1 所示，该界面分为 AI 创作区和个人创作区，根据需要可以选择不同的创作区。打开个人创作区，选择素材后，由上而下可以清晰地看到素材播放预览区、时间轴、轨道、剪辑功能面板区（以本书编写时的界面进行呈现，下同），如图 5-1-2 所示。

图 5-1-1　剪映界面

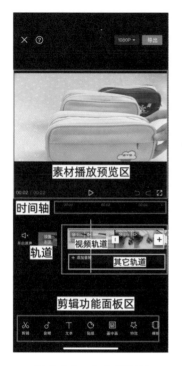

图 5-1-2　个人创作区

活动 2　导入视频

活动描述

在了解剪映 App 的基础操作界面后，接下来学习如何导入视频素材。

活动实施

做一做

步骤一：在剪映 App 的主界面点击"开始创作"按钮，进入素材导入界面。勾选想要导入的视频素材，随后点击右下角的"添加"按钮，如图 5-1-3 所示，这样选择的视频素材就会出现在轨道上，为后续的编辑做准备。

步骤二：在导入视频素材后，如果想再添加一个新的素材，则可以将时间轴移动到想要添加素材的位置，随后点击视频编辑轨道上的"+"按钮，如图 5-1-4 所示，再次跳转至素材导入界面，从中选择并添加需要的素材即可。

注意：在导入视频时，要确保视频文件的格式和分辨率是剪映 App 所支持的，这样可以避免导入失败或在编辑过程中出现问题。同时，也要注意视频素材的保存位置，以便在剪映 App 中可以快速找到并导入。

图 5-1-3　导入素材

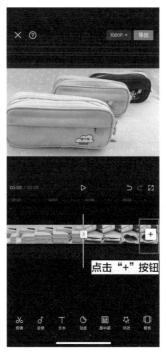

图 5-1-4　点击 "+" 按钮再次添加素材

活动 3　调整画面比例

活动描述

在剪辑视频的过程中，有时需要去除视频素材边角处的一些多余的东西，或者进行二次构图来突出画面主体，这时就需要对素材画面进行调整。

活动实施

做一做

步骤一：导入视频素材并选中，在剪辑功能面板区中选择"剪辑"功能，如图 5-1-5 所示，随后选择"编辑"选项进入裁剪模式，接着选择右下方的"调整大小"选项，通过调整画面中的上下左右 4 个点位进行裁剪，也可以设置旋转角度，使画面旋转至任意角度，如图 5-1-6 所示。

步骤二：可以选择裁剪比例，利用该功能一键将视频画面裁剪到合适的比例，常用的比例有 9：16、4：3 等，如图 5-1-7 和图 5-1-8 所示，可以看到该视频素材明显更适合 4：3 的画面比例。

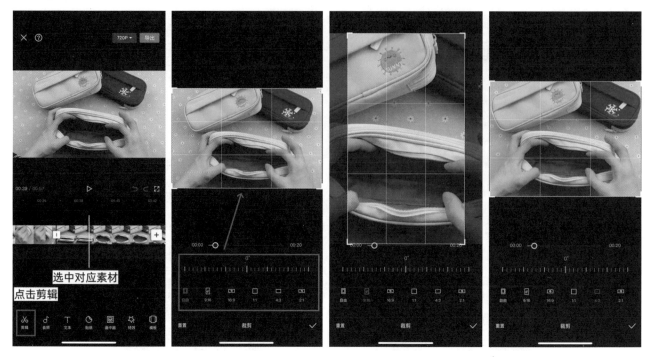

图 5-1-5　进入剪辑模式　　图 5-1-6　调整画面比例　　图 5-1-7　画面比例 9∶16　　图 5-1-8　画面比例 4∶3

活动 4　分割视频素材

活动描述

　　在进行视频剪辑的过程中，首先需要筛选给定的视频素材，保留最具表现力和故事性的视频片段。然后将筛选过的视频片段进行拼接，确保画面流畅、逻辑连贯。最后对拼接的视频进行剪辑，去除冗余部分，使内容更加紧凑。

活动实施

做一做

　　步骤一：如果想在视频的中间片段再次添加一段视频素材，则需要先将原视频进行分割。

　　首先将时间轴放置在指定添加视频的位置，然后在"剪辑"功能中选择"分割"选项，这样就将原视频分割成了视频 1 和视频 2，如图 5-1-9 所示。分割后就可以在指定位置添加新视频，点击时间轴右侧的"+"按钮，从素材库中选择所需视频并添加即可完成这一操作，如图 5-1-10 所示。

　　步骤二：如果想要剪切视频中的冗余片段，则可以对其进行删除操作。

　　首先将时间轴放置在指定位置，然后选择"剪辑"功能中的"分割"选项，将多余的视频片段分割出来，选中该片段后，选择下方的"删除"选项，如图 5-1-11 所示。

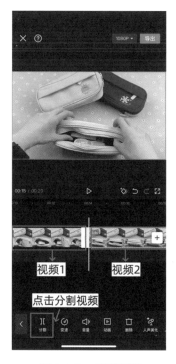

图 5-1-9　分割视频

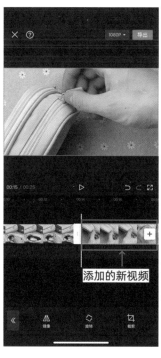

图 5-1-10　添加视频

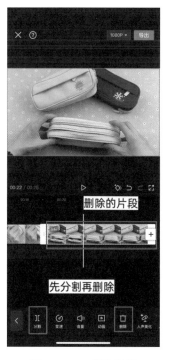

图 5-1-11　删除视频

活动 5　视频变速处理

活动描述

在视频编辑过程中，变速处理是一项常用的技术手段，能够轻松改变视频的播放速度，从而打造不同的视觉效果和节奏。剪映作为一款功能强大的视频编辑软件，提供了丰富的变速处理功能，可以帮助同学们掌握视频变速的基本技巧，提升视频编辑水平。变速处理可以使视频更具创意和视觉冲击力，从而吸引更多的观众。

活动实施

学一学

在剪映 App 中导入一段视频素材后，功能的切换是编辑的关键步骤，"剪辑"功能中的"变速"选项可以很好地处理视频节奏，其中包含"常规变速"和"曲线变速"两种常见的变速方式，每种变速方式都有其独特的应用场景和效果。

1.　变速方式

1）常规变速

常规变速是最基础、最常用的变速方式。用户可以通过调整播放速度来快速实现视频的加速或减速。这种变速方式简单、直观，适用于大多数变速需求。例如，要展示某个动作的快速过程，可以通过加速播放来实现；要凸显细节或情感，可以通过慢速播放来营造氛围。

2）曲线变速

曲线变速提供了更为复杂、精细的变速效果。它允许用户自定义变速曲线，从而实现更加平滑和自然的变速过渡。这种变速方式适用于需要精细调整视频节奏的场景，如音乐视频、广告片等。通过合理的曲线变速处理，可以让视频与音乐更加契合，增强观感。

2. 变速处理技巧

1）合理选择变速方式

根据视频内容和需求选择合适的变速方式。常规变速适用于需要进行简单快速的变速处理的内容，而曲线变速适用于需要精细调整的内容。

2）注意变速过渡

在变速处理时，要注意变速过渡的自然、平滑，避免突然变速导致画面跳跃或失真。

3）结合其他功能

变速处理可以与其他功能结合使用，如滤镜、特效等，打造更加丰富多彩的视觉效果。

做一做

步骤一：在"变速"面板中，可以通过设置倍数来对视频素材进行快速播放或慢速播放，1x 为视频的正常速度，高于 1x 为快速播放，低于 1x 为慢速播放。导入视频素材并选中，在剪辑功能面板区中选择"剪辑"功能中的"变速"选项，在其工具栏中选择"常规变速"选项，打开"变速"面板，如图 5-1-12 所示。

步骤二："曲线变速"面板中包含 6 种预设的曲线变速和一个自定义变速方式，如图 5-1-13 所示。

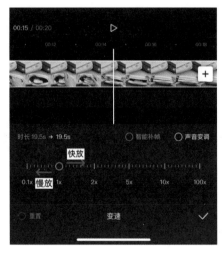

图 5-1-12　常规变速

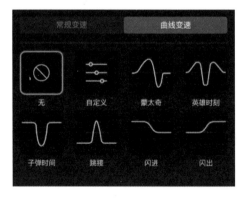

图 5-1-13　曲线变速

步骤三：选择"自定义"选项，进入曲线调节界面，可以根据自己的想法拖动速度点。将速度点向上拖动代表视频加速，将速度点向下拖动代表视频减速，如图 5-1-14 所示。

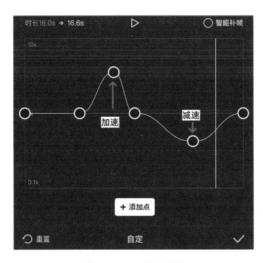

图 5-1-14　曲线调节

步骤四：将"自定"面板中的时间轴移动到没有速度点的线上，点击下方的"+添加点"按钮，即可添加速度点，如图 5-1-15 所示。将时间轴移动到速度点上，点击下方的"-删除点"按钮，即可删除速度点。如果对当前操作不满意，则点击左下方的"重置"按钮即可重新设置速度点，如图所示 5-1-16 所示。

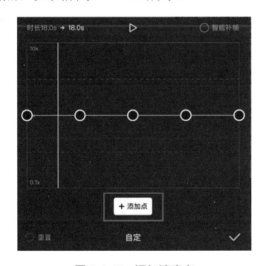

图 5-1-15　添加速度点

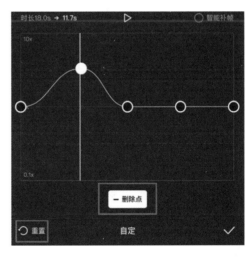

图 5-1-16　删除及重置速度点

活动 6　视频调色处理

▌活动描述

在视频编辑过程中，调色处理是至关重要的一个环节，它可以为视频作品赋予独特的色彩风格，营造不同的氛围和视觉效果。剪映作为一款功能强大的视频编辑软件，提供了丰富的调色处理功能，可以帮助同学们轻松实现个性化的色彩调整，从而让画面更具美感。

活动实施

学一学

1. 色彩调整

在调色面板中，用户可以调整视频的亮度、对比度、饱和度等基本参数，实现基本的色彩校正。剪映 App 还提供了色温、色调等高级调整选项，使用户可以精确控制视频的色彩。

2. 滤镜应用

剪映 App 内置了多种滤镜效果，用户可以根据需要选择合适的滤镜并应用到视频中。以下是一些常见的滤镜类型，它们可能适用于不同类型的商品视频或图片。

（1）明亮清新滤镜：适用于色彩鲜艳、明亮的商品，如食品、化妆品或时尚服饰。这类滤镜可以突出商品的色彩和细节，给观众带来清新、活泼的感觉。

（2）复古风格滤镜：适用于想要营造复古、怀旧氛围的商品，如复古家具、艺术品或老物件。这类滤镜可以为视频或图片增添一种独特的韵味和年代感。

（3）柔和温暖滤镜：适用于需要营造柔和、温馨氛围的商品，如家居用品、婴儿用品或温馨的场景。这类滤镜可以减少色彩对比度，使画面更加柔和，给观众带来舒适感。

（4）黑白滤镜：适用于想要突出质感和线条的商品，如高端珠宝、手表或艺术品。黑白滤镜可以去除色彩干扰，使观众更加关注商品的形状和细节。

（5）冷色调滤镜：适用于科技类、汽车等需要展现现代感和科技感的商品。冷色调滤镜可以降低画面的饱和度，突出商品的质感。

3. HSL 调色

对于需要更精细调整的视频片段，用户可以利用 HSL（色相、饱和度、亮度）进行调色。HSL 调色允许用户针对特定颜色进行精确调整，以实现更高级的调色效果。

4. 曲线调色

剪映 App 还提供了曲线调色功能，通过调整 RGB 曲线或单独的色彩通道曲线，实现更复杂的色彩调整和校正。曲线调色功能需要一定的专业知识和经验，但对熟练掌握调色技巧的用户来说，可以为视频打造出更加独特的视觉效果。

做一做

步骤一：对视频画面进行调色。

（1）向右滑动剪辑功能面板区，找到"调节"功能，在"调节"面板中可以看到一系列用于调整视频色彩和色调的参数。首先调节色温，向左拖动"色温"滑块，视频画面会变为冷色调，如图 5-1-17 所示；向右拖动"色温"滑块，视频画面会变为暖色调，如图 5-1-18 所示。

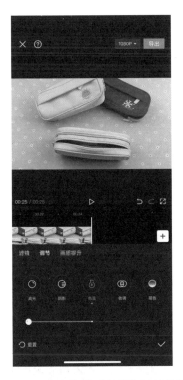
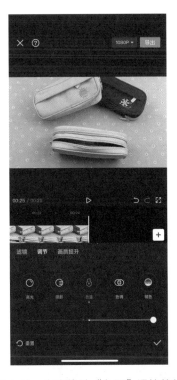

图 5-1-17　向左拖动"色温"滑块的效果　　　　图 5-1-18　向右拖动"色温"滑块的效果

（2）调整色彩饱和度。色彩饱和度是指色彩的纯度，越向左拖动"饱和度"滑块，画面纯度越低，画面表现越暗淡，如图 5-1-19 所示；越向右拖动"饱和度"滑块，画面纯度越高，画面表现越鲜明，如图 5-1-20 所示。

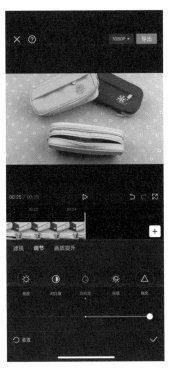

图 5-1-19　向左拖动"饱和度"滑块的效果　　　　图 5-1-20　向右拖动"饱和度"滑块的效果

（3）调整亮度。如果画面需要较高的亮度，则向右拖动"亮度"滑块，将画面调整到合适的亮度，如图 5-1-21 所示。

（4）锐化画面。锐化是改善图像边缘的清晰度，增强边缘的细节。"锐化"参数一般不需要太高，在 10 到 20 之间即可，如图 5-1-22 所示。

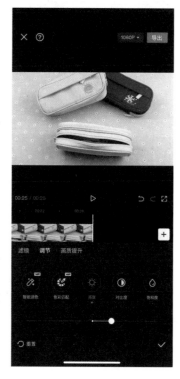

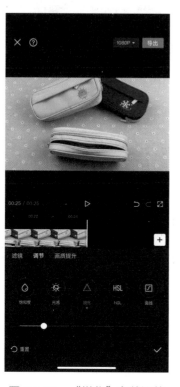

图 5-1-21　调整亮度后的效果　　　　　图 5-1-22　"锐化"参数调整

至此，视频调色这一操作基本完成。

步骤二：在视频中应用滤镜并进行 HSL 调色。

（1）选择滤镜。在剪辑功能面板区中选择"滤镜"功能，在工具栏中选择"新增滤镜"选项，进入滤镜选择界面，如图 5-1-23 所示。剪映 App 提供了丰富的滤镜库，点击"更多滤镜"进入滤镜商店，在滤镜商店中进行浏览与选择，如图 5-1-24 所示。找到合适的滤镜后，可以添加到自己的滤镜库中并应用，如图 5-1-25 所示。

（2）应用滤镜。选择好想要的滤镜后，点击它即可应用到视频素材上。可以实时预览滤镜效果，以便选择最合适的滤镜，如图 5-1-26 所示。

注意：在滤镜应用后，可以调整滤镜的强度，以适应具体的需求。有些滤镜可以调整多个参数，以获得更精细的效果。如果想要获得更复杂的调色效果，则可以尝试叠加多个滤镜。不过，叠加过多的滤镜可能会导致视频画面过于浓重或不自然。

步骤三：在 HSL 调色中，H 表示色相，S 表示饱和度，L 表示亮度。在剪辑功能面板区中选择"剪辑"功能，在工具栏中选择"调节"选项，在"调节"面板中选择"HSL"选项，进入 HSL 调整界面，其中包含 8 个色盘，我们可以利用这 8 个色盘对画面中对应的 8 个色系进行单独调节，如图 5-1-27 所示。例如，画面中的文具盒是蓝色系的，因此我们选择蓝色色盘来调节它的色相，提亮文具盒的颜色，如图 5-1-28 所示。

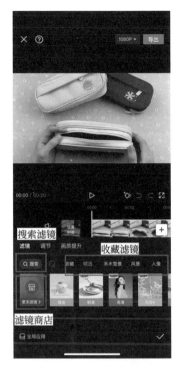

图 5-1-23　选择滤镜

图 5-1-24　浏览滤镜商店

图 5-1-25　添加滤镜

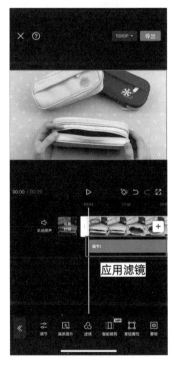

图 5-1-26　应用滤镜

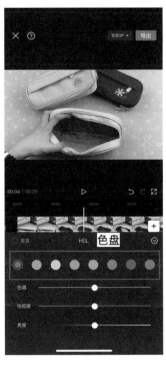

图 5-1-27　色盘

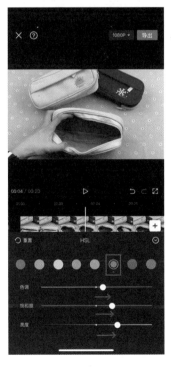

图 5-1-28　调节色相

步骤四：对视频画面进行曲线调色。

在"调节"面板中选择"曲线"选项，打开"曲线"面板进行曲线调节。首先会看到代表不同颜色通道的圆点，它们分别是白色、红色、绿色和蓝色，如图 5-1-29 所示。可以通过拖动曲线上的点来调整曲线曲率，从而改变视频的亮度、对比度和色彩等属性。例如，在蓝色通道中改变曲线曲率，曲线向上弯曲表示亮度增强，如图 5-1-30 所示；曲线向下弯曲表示亮度减弱，如图 5-1-31 所示。

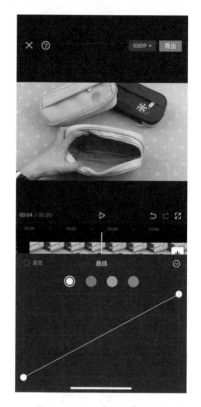

图 5-1-29　"曲线"面板

图 5-1-30　曲线向上弯曲

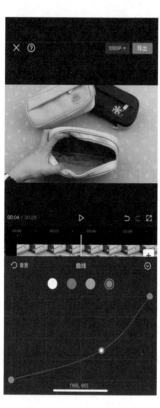

图 5-1-31　曲线向下弯曲

注意：商品短视频后期色调处理一定要遵循商品本身的情况，不要过度处理造成失真，要保证视频效果最大程度地吻合商品本身的颜色。

活动 7　导出视频

▎活动描述

在剪映 App 中，导出视频不仅意味着将剪辑好的内容保存下来，更是对作品进行最终优化和呈现的过程。同学们可以根据自己的需求，选择合适的分辨率和帧率，以确保视频在不同设备和场景下的最佳观看效果。

▎活动实施

▎做一做

步骤一：在剪映 App 中导出视频时，分辨率和帧率是两个重要的参数。

（1）分辨率：分辨率是指视频的像素大小，它决定了视频的清晰度和细节表现。常见的分辨率有 480P、720P、1080P、2K/4K 等。一般来说，分辨率越高，视频画面越清晰，但同时也会增加视频文件的大小。因此，在选择分辨率时，需要根据视频的内容和用途来权衡。

（2）帧率：帧率是指每秒视频画面的更新次数，它决定了视频的流畅度和动画效果。常见的帧率有 24fps、30fps 和 60fps 等，较高的帧率可以获得更加流畅的视频画面，特别是在捕捉动态内容时，高帧率能够更好地展现动作细节。但同样地，高帧率也会增加视频文件的大小。因此，在选择帧率时，需要考虑视频内容的运动程度和所需的流畅度。根据实际需求，对视频参数进行设置，如图 5-1-32 所示。

步骤二：设置完成后点击右上角的"导出"按钮即可导出视频，如图 5-1-33 所示，可将视频导出到手机相册或分享到社交媒体。

图 5-1-32　设置导出视频的参数

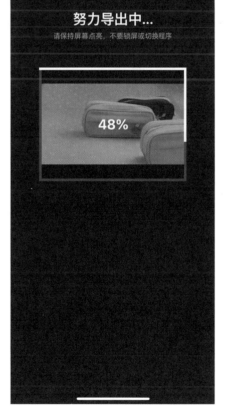

图 5-1-33　导出视频

扫描二维码观看商品短视频效果

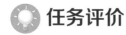 **任务评价**

填写表 5-1-2，完成自评、互评、师评。

表 5-1-2　任务完成情况评价表

序号	评价内容	评价标准	满分分值	自评	互评	师评
1	了解剪映 App 的操作界面	能够熟悉每个剪辑功能的位置	10			
2	导入视频	能够导入、添加或删除视频	10			
3	调整画面比例	能够对视频画面进行合适的尺寸裁剪	15			
4	分割视频素材	能够通过对视频的分割进行增加或删除素材	15			
5	进行视频变速处理	能够根据视频内容和需求选择合适的变速方式	20			
6	进行视频调色处理	能够选择合适的调色工具，实现个性化的色彩调整	20			
7	导出视频	能够通过调整分辨率和帧率导出符合预期的视频	10			
总评得分	自评×20%+互评×20%+师评×60%= 　　　分					
本次任务总结与反思						

💻 任务实训

实训内容

为了提升家乡特产的知名度和市场影响力，我们计划创作一系列关于家乡特产的短视频。经过前期学习并完成拍摄后，接下来需根据特产的特点选择拍摄片段，使用剪映 App 剪辑一个完整的视频作品，要求确保视频的剪辑节奏紧凑、流畅，同时能够突出家乡特产的特点和优势。

实训描述

通过学习前面的几个项目，同学们已经将家乡特产进行了多角度、多维度、全方位的片段化的拍摄。接下来需要同学们利用本任务所学的剪辑技能，将原始的视频素材加工成一段具有吸引力和包含一定信息量的商品展示视频。视频需要突出家乡特产的特点，吸引潜在消费者的注意，同时传达家乡特产的价值。

实训指南

1. 对拍摄的家乡特产的视频素材进行分类整理，筛选出适合剪辑的片段。根据家乡特产的特点和目标受众，确定视频的剪辑风格和节奏。

2．确保视频内容连贯、重点突出。注意保持视频的时长适中，避免过长或过短影响观感。

3．将剪辑完成的视频导出为常见格式（如 MP4），确保视频质量和播放流畅性。可以尝试将视频分享到社交媒体，如抖音、快手等，以便更多的潜在消费者了解商品。

实训总结

将家乡特产短视频剪辑的完成情况填入表 5-1-3。

表 5-1-3　家乡特产短视频剪辑的完成情况

小组名称		组员			组长	
家乡特产名称					原产地	
选择了几个合适的视频片段？为什么选择这几个片段						
深入了解家乡特产的特点、历史、制作工艺等，明确剪辑视频的主题和风格						
在剪辑过程中通过视频变速、调色等方式，重点突出家乡特产的特点						
思考经过剪辑后能给家乡特产的销售带来哪些好处						
将剪辑好的视频输出为高质量的格式能否确保视频在不同平台上的播放效果？都在哪些短视频平台发布了视频						

任务二　设置商品短视频字幕

任务导入

在这个充满创意和想象力的时代，短视频已成为人们表达自我、分享生活的主要方式。而字幕在商品短视频的表现形式中占有重要地位，可以让用户更加清晰地了解短视频所呈现的内容。我们可以根据商品短视频的节奏和氛围，为其选择合适的字体、字号和颜色，使字幕与视频画面完美融合，提升观众的观感。字幕不仅可以传递信息，还可以为商品短视频增添独特的艺术效果。

任务准备

学习目标

1. 组建合作小组，共同解决预学单上的问题。

2. 通过教材、网络等不同途径查阅相关学习资料。

学习过程

1. 学习任务

学习设置短视频字幕，包括添加文字效果、添加文字模板、设置字幕动画、识别与提取文字等。

2. 填写预学单

阅读学习任务，查找相关资料，填写表 5-2-1。

表 5-2-1　设置商品短视频字幕预学单

学习内容					
小组名称		组员		组长	
解决问题 的方法				解决问题 使用的时间	
需要解决的问题					
添加短视频文字效果需要设置哪几项参数					
添加文字模板的注意事项有哪些					
设置字幕动画的作用是什么					
识别与提取短视频文字的好处是什么					
存在哪些问题					

 任务实施

活动 1　添加文字效果

活动描述

在商品短视频中添加字幕，需要学习如何设置字体样式，包括字体、字号、颜色、字间距等参数。

活动实施

做一做

步骤一：打开剪映 App，选择并导入想要编辑的视频素材。导入视频后，首先在剪辑功能面板区中选择"文字"功能。然后进入文本编辑界面，在工具栏中选择"新建文本"选项，如图 5-2-1 所示。

步骤二：在文本编辑界面中输入标题文本，随后选择"编辑"选项，在"字体"面板中选择所需的字体格式，此处选择"圆体"，如图 5-2-2 所示。

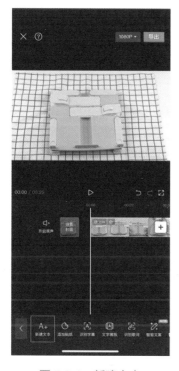

图 5-2-1　新建文本

图 5-2-2　选择字体格式

步骤三：选择"样式"选项，在"样式"面板中选择预设的文本样式，如图 5-2-3 所示。在"文本"标签中，设置文本颜色，调整字号、透明度等参数，如图 5-2-4 所示。

图 5-2-3　选择文本样式

图 5-2-4　设置文本样式

步骤四：在"描边"标签中设置描边颜色，调整粗细等参数，如图 5-2-5 所示。

步骤五：在"背景"标签中设置背景颜色，调整透明度、圆角程度、高度、宽度等参数，如图 5-2-6 所示。

图 5-2-5　设置描边样式

图 5-2-6　设置背景样式

步骤六：在"阴影"标签中设置阴影颜色，调整透明度、模糊度、距离、角度等参数，如图 5-2-7 所示。

步骤七：在"排列"标签中设置对齐方式，调整缩放、字间距、行间距等参数，如图 5-2-8 所示。

图 5-2-7　设置阴影样式

图 5-2-8　设置排列样式

步骤八：在文本框中长按选中文字，所选文字被高亮显示，拖动所选文字左右两侧的边界滑块可以调整选择范围，此处选中"支架"二字，在"粗斜体"标签中设置加粗和斜体，如图 5-2-9 所示。

步骤九：在"文本"标签中设置字体颜色和字号，设置完成后点击"√"按钮应用，最终效果如图 5-2-10 所示。

步骤十：剪映 App 提供了丰富的花字样式，可以一键制作极具个性的文字效果，如发光字、空心字、彩色渐变字等。在视频画面下方输入文本"自动调节高度"，选择"花字"选项进入编辑界面，滑动花字列表浏览样式并应用。长按花字样式即可收藏，方便下次使用。根据视频风格选择适合的花字样式，如图 5-2-11 所示。

图 5-2-9　设置粗斜体样式

图 5-2-10　最终效果

图 5-2-11　选择花字样式

活动 2　添加文字模板

剪映 App 的"文字模板"功能可以一键对添加的文本进行包装，像气泡、手写字、片头标题等都是商品短视频中常用的字幕效果，可以提升视频的吸引力和信息的传达效果。

在要添加文本的位置输入文字，选择"文字模板"选项，在适合的标签中选择所需模板，如图 5-2-12 所示，点击"√"按钮应用所选文字模板。在视频轨道下方会出现该文字模板的轨道，拖动右侧的滑块调整动画时长，效果如图 5-2-13 所示。

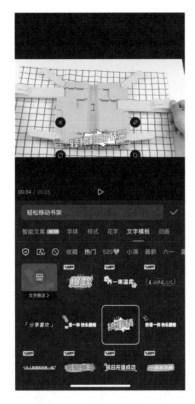

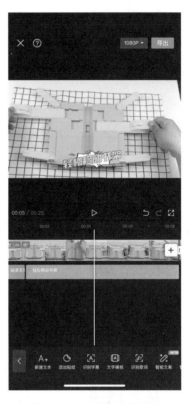

图 5-2-12　选择文字模板　　　　　　　　　图 5-2-13　调整动画时长

注意：我们在选择文字模板时可以多尝试一些模板，选取最心仪的效果应用。但是选择的字幕效果要符合商品的特点，同时要注意字幕清晰易读、与视频风格相协调、适度使用等原则。

活动 3　设置字幕动画

活动描述

在剪映 App 中，用户可以很方便地为文本添加入场动画、出场动画和循环动画等动画效果，这不仅让视频创作变得更加简单、高效，还可以帮助用户更好地传达信息，为观众带来更加丰富多彩的视觉体验，从而提升视频的传播效果。

活动实施

学一学

文本常用的动画包括入场动画、出场动画和循环动画。

1. 入场动画可以在短视频开始播放时，为观众带来一种独特的视觉体验。当文本以飞入、旋转、渐变等动画形式出现时，可以迅速吸引观众的注意力，为整个短视频设置一个引人入胜的开头。这种动画效果不仅让视频更加生动、有趣，还可以帮助观众更好地理解短视频的主题和内容。

2．出场动画可以让文本以优雅的动画形式离开画面，它不仅可以为观众留下深刻的印象，还可以为短视频增添一种完美的结束感。这种动画效果使得短视频在结束时也可以保持一种吸引力，让观众回味无穷。

3．循环动画是一种可以持续吸引观众注意力的动画形式。在短视频中，当某个关键信息或重点需要反复强调时，循环动画就可以派上用场。通过不断重复的动画效果，观众可以更加深入地理解和记忆这些信息，从而达到短视频的宣传目的。

做一做

步骤一：将时间轴定位到要添加文本的位置，随后输入文本"轻松夹稳书本"，设置字体格式，应用文本样式。选择"动画"选项，在"动画"面板的"入场"标签中选择"打字机1"动画样式，拖动滑块调整动画时长，如图5-2-14所示。

步骤二：在"出场"标签中选择"缩小"动画样式，随后拖动滑块调整动画时长，如图5-2-15所示。最后在文字轨道上调整文本素材时长，如图5-2-16所示。

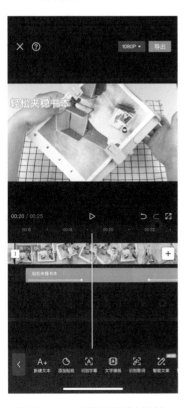

图 5-2-14　设置入场动画　　　图 5-2-15　设置出场动画　　　图 5-2-16　调整文本素材时长

扫描二维码观看商品短视频效果

141

活动 4　识别与提取文字

活动描述

剪映 App 的"文字识别"功能可以将视频中的人声或背景音乐中的歌词自动识别为字幕，避免用户逐句输入的麻烦。这不仅加快了视频编辑的速度，还减少了因手动输入而造成的错误。通过字幕，用户可以更详细地了解产品的功能和可使用性。

活动实施

做一做

步骤一：导入带有声音的视频素材，在剪辑功能面板区中选择"文字"功能，在工具栏中选择"识别字幕"选项，如图 5-2-17 所示。

步骤二：选择视频类型，此处选择"仅视频"，点击"开始匹配"按钮，如图 5-2-18 所示。若要对录音进行识别，则可选择"全部"。

图 5-2-17　识别字幕

图 5-2-18　开始匹配

步骤三：查看自动识别的字幕并选中，选择"编辑字幕"选项，在弹出的界面中对自动识别的字幕进行编辑，如图 5-2-19 所示。点击文本即可快速跳转到相应的位置，再次点击文本可以进行编辑，如调整顺序、修改错字等，如图 5-2-20 所示。

步骤四：选中文本，选择"样式"选项，在"样式"面板中选择合适的字体进行设置，之后选择所需的花字样式，如图 5-2-21 所示。

  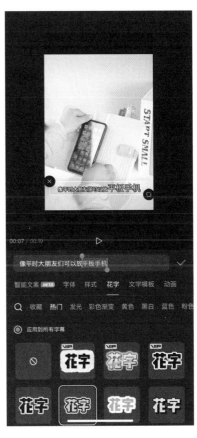

图 5-2-19　选中字幕　　　　　　图 5-2-20　编辑字幕　　　　　　图 5-2-21　选择花字样式

注意：在使用剪映 App 的"自动识别字幕"功能时，需要确保手机已联网，并且视频素材的音质清晰。此外，受语音识别技术的限制，可能会出现一些断句错误或错别字的情况，但这些问题通常可以通过手动编辑进行修正。

在完成识别后，可以对字幕进行进一步的编辑和调整，包括修改字幕内容、调整字幕样式、设置字幕出现的时间和位置等。最后，将编辑好的视频导出并保存即可。

扫描二维码观看商品短视频效果

 任务评价

填写表 5-2-2，完成自评、互评、师评。

表 5-2-2　任务完成情况评价表

序号	评价内容	评价标准	满分分值	自评	互评	师评
1	添加文字效果	能够根据需要设置文字效果	35			
2	添加文字模板	能够熟练应用文字模板样式	25			
3	设置字幕动画	能够搭配合适的字幕动画	25			
4	识别与提取文字	能够对视频素材的声音进行识别与提取，使画面内容更清晰易懂	15			
总评得分	自评×20%+互评×20%+师评×60%=　　　　分					
本次任务总结与反思						

任务实训

实训内容

在内容片段的剪辑完成后，使用剪映 App 为家乡特产短视频添加字幕。首先根据家乡特产的特点，撰写简洁明了、生动有趣的字幕文本，以便观众直观地了解产品的特点和优势。其次设计字幕的样式、模板、动画效果等，为家乡特产短视频添加字幕，使其与视频内容相协调，提高观众的观感，进而促进销售转化，帮助家乡特产拓宽推广、销售渠道。

实训描述

通过对前面任务的学习，同学们已经将原始的视频素材剪辑成了一段富有信息量且具有吸引力的展示视频。本次实训需要练习设置家乡特产短视频的字幕。

实训指南

1. 向当地人员了解并上网查询所选择家乡特产的特点有哪些，提取关键信息，根据家乡特产的特点和目标受众确定视频的字幕风格。

2. 确保字幕能够重点突出。注意选择合适的字体样式，避免过于简单或过于复杂，以免影响观感。

3. 将剪辑完成的家乡特产短视频导出为常见格式（如 MP4），确保视频质量和播放流畅性。可以尝试将视频分享到社交媒体上，如抖音、快手等，以便更多的潜在消费者了解家乡特产。

实训总结

将为家乡特产短视频设置字幕的完成情况填入表 5-2-3。

表 5-2-3 为家乡特产短视频设置字幕

小组名称		组员		组长	
家乡特产名称				原产地	
了解家乡特产的特点、用途、优势等信息。撰写简洁明了、生动有趣的字幕文本					
在添加文字效果时用到了文本样式中的哪些参数					
字幕动画的设置是否重点突出，能否让家乡特产的特点一目了然					
思考字幕的添加为家乡特产的销售带来了哪些好处					
总结设置短视频字幕的注意事项					

任务三 设置商品短视频音频

任务导入

音频是商品短视频的重要组成部分，它可以是视频原声，也可以是后期添加的背景音乐、音效或配音。合适的音频可以让原本普通的商品短视频画面变得具有感染力，也可以提高观众对商品的关注度和记忆力，观众会更有兴趣和耐心观看完整的视频内容。良好的音频质量和声音设计可以给观众带来愉悦的听觉感受，提高其对商品的满意度和忠诚度。

任务准备

学习目标

1. 组建合作小组，共同解决预学单上的问题。
2. 通过教材、网络等不同途径查阅相关学习资料。

学习过程

1. 学习任务

学习设置商品短视频音频的方法，包括添加背景音乐、添加音效、音频剪辑处理、录制声音、为文案添加配音等。

2．填写预学单

阅读学习任务，查找相关资料，填写表 5-3-1。

表 5-3-1　设置商品短视频音频预学单

学习内容				
小组名称		组员		组长
解决问题 的方法			解决问题 使用的时间	
需要解决的问题				
添加背景音乐，需要注意什么事项				
添加音效的作用是什么				
音频剪辑处理包括哪些操作				
录制声音需要注意什么事项				
为文案添加配音有什么好处				
存在哪些疑问				

🏺 任务实施

活动 1　添加背景音乐

活动描述

在商品短视频中，背景音乐主要起调节气氛、调动观众情绪的作用。背景音乐与视频画面搭配可以产生绝佳的视听效果，使视频内容更加生动、有趣、富有感染力。通过对不同音乐元素的运用和组合，可以创造出多样化的视觉效果和听觉体验，使商品短视频的内容更具表现力和艺术感。

活动实施

学一学

在商品短视频中添加背景音乐时，应遵循以下几个原则，以确保背景音乐与视频内容完美契合，提升整体观感。

1．音乐类型与风格

在剪辑商品短视频时，要明确视频的主题和想要传达的情感，确定商品短视频的情感基调，并以此为依据来选择背景音乐。例如，美食类短视频是为了让观众体会到一种轻松自在、心情舒畅的感受，可以选择欢快、愉悦的背景音乐；时尚类、美妆类短视频主要面向追求潮流、时尚的年轻人，可以选择节奏较快的背景音乐。要考虑目标受众的音乐偏好，选择易于接受的、流行的音乐。

2．节奏与速度

很多商品短视频的节奏和情绪是由背景音乐带动的，为了使背景音乐与商品短视频的内容更加契合，可以先分析商品短视频的节奏，再根据整体节奏来选择合适的背景音乐。动作迅速的场景可使用快节奏的音乐，情感深沉的场景可使用慢节奏的音乐。

3．与内容的匹配度

背景音乐应与主题相符，合适的背景音乐能够提升视频的整体效果，并帮助观众更好地理解和接受视频意图。要尽量避免选择与视频内容基调不符的音乐，以免引起观众的反感。另外，背景音乐不能喧宾夺主，如果背景音乐过于嘈杂，或者背景音乐对观众的感染力已经超过视频本身，那么会分散观众对视频内容的注意力。

4．易传播与热度

选择符合大众审美的、易于传播的音乐，以扩大商品短视频的分享和传播范围。可以考虑选择当前热门的音乐，吸引更多观众的注意。

做一做

步骤一：首先打开剪映 App，选择并导入想要编辑的视频素材。如果视频素材本身就带有声音，但不需要保留，则可以点击"关闭原声"按钮，如图 5-3-1 所示。之后在剪辑功能面板中选择"音频"功能，在工具栏中选择"音乐"选项，如图 5-3-2 所示，进入添加音乐界面。根据商品短视频所要表达的情感选择合适的音乐类型，此处选择"纯音乐"，如图 5-3-3 所示。

图 5-3-1　关闭原声　　　　　　图 5-3-2　添加音乐　　　　　　图 5-3-3　选择音乐类型

步骤二：在"纯音乐"列表中点击音乐名称进行试听，找到想要使用的音乐后点击音乐名称右侧的"使用"按钮，如图 5-3-4 所示。点击音乐名称右侧的"收藏"按钮，可以将喜欢的音乐添加到收藏列表中，如图 5-3-5 所示。

步骤三：如果要添加指定的音乐，则可以在"音乐"界面上方的搜索框中输入音乐名称或歌手名称，找到需要的音乐后点击最右侧的"下载"按钮即可使用，如图 5-3-6 所示。

步骤四：添加音乐后，在音频轨道头部会显示相应的音乐名称，可根据需要对音乐长度进行裁剪，裁剪方法与裁剪视频素材的相同，如图 5-3-7 所示。

图 5-3-4　使用音乐　　　　图 5-3-5　收藏音乐　　　　图 5-3-6　添加指定音乐　　　　图 5-3-7　裁剪音乐

活动 2　添加音效

活动描述

在商品短视频的音频剪辑过程中，可以通过剪映 App 的"音效"功能为商品短视频添加合适的音效，如转场音效、环境音效等。调整音效的位置和音量，以此来增强观众的代入感，使观众产生身临其境的感受。

活动实施

做一做

步骤一：导入视频素材，将时间轴定位到需要添加音效的位置，在"音频"工具栏中选择"音效"选项，如图 5-3-8 所示。

步骤二：选择"转场"标签，从中找到"风铃音效"选项，点击"使用"按钮（如果未使用过该音效，则需先下载再使用），如图 5-3-9 所示。也可以在搜索框中直接输入文本"风铃"，随后在搜索结果列表中选择所需音效，如图 5-3-10 所示。

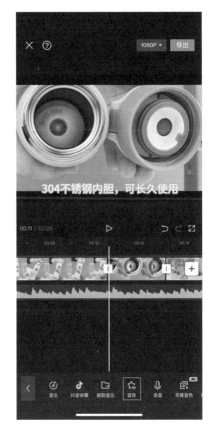
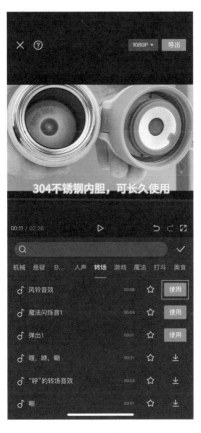

图 5-3-8　音效　　　　　图 5-3-9　按标签寻找音效　　　　　图 5-3-10　搜索所需音效

步骤三：根据需要裁剪音效素材的开始和结束位置，设置音效的播放时间和时长。选中音效后选择下方工具栏中的"音量"选项，调整音效的声音大小，如图 5-3-11 所示。为了确保音效与视频原音或其他音频内容相协调，需向左拖动滑块，调整音量为 60（即原音量的 60%），如图 5-3-12 所示。

注意：在选择音效时，要确保音效与视频内容相匹配，不要选择过于突兀或不协调的音效。在调整音效参数时，要仔细检查、试听，确保音效的音量和时长都符合视频的整体效果。如果需要，则可以在视频中添加多个音效，但不要过度使用，以免影响观众的观看体验。

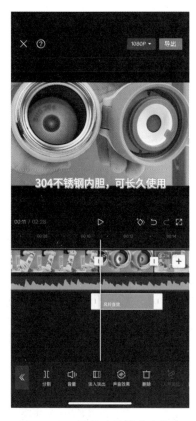

图 5-3-11　调整音效的声音大小

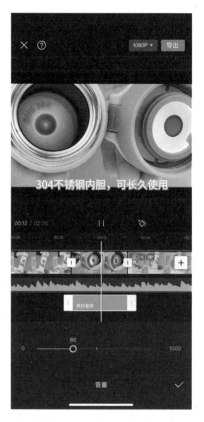

图 5-3-12　调整音量为 60

活动 3　音频剪辑处理

活动描述

在添加背景音乐后，如果发现视频素材的时间比音乐素材的时间短，则需要在剪映 App 中进行音频裁剪，裁剪方法与裁剪视频素材的类似。另外，给视频素材配乐时经常会遇到视频与音频持续时间不同的情况，直接裁剪则会导致音频在视频结束时戛然而止，使观众的观感变差，所以要学会使用淡入和淡出效果来提升音感。

活动实施

做一做

步骤一：首先选中音频素材，将时间轴定位到视频结束的位置，然后选择"剪辑"功能中的"分割"选项进行视频分割，选中多余的音频素材，直接删除即可，如图 5-3-13 所示。另外，也可以直接在音频末尾处向左拖动音频条，直至音频条末端与视频末端对齐，如图 5-3-14 所示。

步骤二：选中音频素材，在工具栏中选择"淡入淡出"选项，如图 5-3-15 所示。如果想处理片头的音乐，使其开始时间晚于片头开始时间，则可以拖动"淡入时长"滑块，滑块越靠右，音乐开始时间越晚。如果想处理片尾的音乐，使其结束时间晚于片尾结束时间，则可以拖动"淡出时长"滑块，滑块越靠右，音乐结束时间越晚，如图 5-3-16 所示。

图 5-3-13　先分割再删除

图 5-3-14　音频末端与视频末端对齐

图 5-3-15　淡入淡出

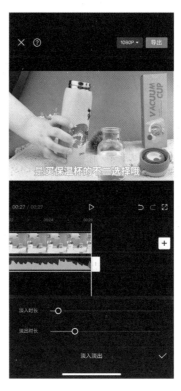

图 5-3-16　调整淡入淡出时长

扫描二维码观看商品短视频效果

活动4 录制声音

剪映App的"录音"功能可以实时为视频画面录制语音旁白，也可以根据商品特点和具体需求对录音进行变声处理，选择适合的变声效果，如男声、女声、卡通音效等，为商品短视频增添一份独特的趣味。

活动实施

做一做

步骤一：将时间轴定位到需要录音的位置，在"音频"工具栏中选择"录音"选项，开始录音后对准手机麦克风讲话即可，如图5-3-17所示。在录制过程中，可以观察音频轨道上的波形图，了解声音的录制情况。点击麦克风形状的按钮即可结束录音，如图5-3-18所示，点击"√"按钮添加录音。

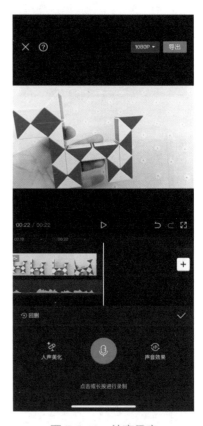

图5-3-17 开始录音　　　　　　　　　　　图5-3-18 结束录音

步骤二：选中音频轨道，选择"音量"选项，在"音量"面板中向右滑动滑块调大音量，随后点击"√"按钮，如图5-3-19所示。

步骤三：选中音频轨道，选择"音频降噪"选项，在"音频降噪"面板中打开"降噪开关"，减少录音中的环境噪声，随后点击"√"按钮，如图5-3-20所示。

图 5-3-19　调整音量

图 5-3-20　音频降噪

步骤四：选中音频轨道，选择"声音效果"选项，在"音频效果"面板中选择想要使用的声音效果，如"广告男声"，之后点击"√"按钮，如图 5-3-21 所示。再次选中音频轨道，选择"变速"选项，在"变速"面板中选中"声音变调"单选按钮，调整录音速度，调慢录音速度可以使声音变得低沉，调快录音速度可以使声音变得明亮，如图 5-3-22 所示。

图 5-3-21　设置录音变声

图 5-3-22　设置录音变速

注意：在录音时，应确保周围环境安静，以减少噪音干扰。同时，也可以根据自己的需求对录音进行剪辑、调整音量等操作，以获得更好的声音效果。最后，将编辑好的商品短视频导出并保存即可。

扫描二维码观看商品短视频效果

活动 5　为文案添加配音

活动描述

对于不需要自己录音的情况，可以选择剪映 App 中的"文本朗读"功能。系统会自动将文案转化为语音，它可以根据文案的内容和风格进行个性化表达。通过选择合适的声音、语调和节奏来更好地体现商品短视频的主题和情感，为观众带来独特的观看体验。

活动实施

做一做

首先对视频添加文本，编辑文本样式并将其移动到画面对应的位置。然后在文本轨道上选中文本，在工具栏中选择"文本朗读"选项，如图 5-3-23 所示。在"音色选择"面板中选择所需音色，此处选择"小姐姐"音色，如需应用到全部文本，则选中左上角的"应用到全部文本"单选按钮即可，随后点击"√"按钮，如图 5-3-24 所示。

图 5-3-23　文本朗读

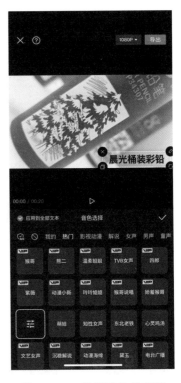

图 5-3-24　选择音色并应用

注意：要确保配音与视频素材的同步，避免出现时间错位的问题。合理调整配音和配乐的音量大小，确保观众能够清晰地听到文案内容。

扫描二维码观看商品短视频效果

 任务评价

填写表 5-3-2，完成自评、互评、师评。

表 5-3-2　任务完成情况评价表

序号	评价内容	评价标准	满分分值	自评	互评	师评
1	添加背景音乐	能够选择与商品氛围相符的背景音乐	25			
2	添加音效	能够将音效添加到商品短视频的合适位置	25			
3	音频剪辑处理	对于添加的音频，能够进行剪辑、分割、淡入、淡出等处理	20			
4	录制声音	在录制与商品内容相关的解说词时，能够简洁明了，突出商品的特性和优点	20			
5	为文案添加配音	能够选择与商品相匹配的音色，调整音量，确保观众能够清晰地听到文案内容	10			
总评得分	自评×20%+互评×20%+师评×60%= 　　　分					
本次任务总结与反思						

任务实训

实训内容

在完成家乡特产的视频片段剪辑后，可使用剪映 App 为短视频添加合适的音频。根据家乡特产的特点和拍摄风格，选择类型合适的背景音乐或音效，以此来增强家乡特产短视频的吸引力，使观众能够更好地理解和感受家乡特产的魅力。

实训描述

通过对前面任务的学习，同学们已经将原始的视频素材剪辑成了一段富有信息量且具有吸引力的家乡特产短视频。本次实训需要练习设置家乡特产短视频的音频。

实训指南

1．收集与视频内容相符的音频素材，如背景音乐、解说词、声音效果等。

2．仔细观看视频内容，了解家乡特产的特性、优点和展示重点，明确添加音频的目标，如增强家乡特产的吸引力、突出家乡特产的特性等。

3．如果需要添加解说词，则可以使用"录音"功能，录制与家乡特产内容相关的解说词。解说词应简洁明了，突出家乡特产的特性和优点。调整解说词的位置和音量，确保与视频内容同步且音量适中。

4．在导出视频前，需多次预览并调整声音效果，以确保最终的视频效果。可以尝试将家乡特产短视频分享到各社交媒体，如抖音、快手等，以便更多的潜在消费者了解家乡特产。

实训总结

将为家乡特产短视频设置音频的完成情况填入表 5-3-3。

表 5-3-3　为家乡特产短视频设置音频

小组名称		组员		组长	
家乡特产名称				原产地	
要了解家乡特产的特性、优点和展示重点，需选择什么风格的音频					
添加了几种音效？能否增强观众的观感体验，让他们更加直观地感受到家乡特产的特点					
在剪辑音频的过程中，需确保音频与视频的搭配效果良好					
使用亲切、自然的语调进行旁白解说的录音，是否向观众清楚地介绍了家乡特产的背景和特色					
配音是否可以增加家乡特产短视频的曝光度，吸引更多的潜在消费者					
总结设置短视频音频需要注意的事项					

任务四 设置商品短视频特效

 任务导入

特效在商品短视频创作中扮演着至关重要的角色，不仅可以突出视频的关键元素，提升视频的视觉效果和吸引力，还可以为商品短视频增加动态感、层次感和趣味性，以此来更好地展现商品细节和场景变化，使视频更加生动、有趣、易于理解。在商品短视频创作中，要学会充分利用各种特效的优势，为观众带来更加精彩、有趣和独特的视觉体验。

 任务准备

学习目标

1. 组建合作小组，共同解决预学单上的问题。
2. 通过教材、网络等不同途径查阅相关学习资料。

学习过程

1. 学习任务

学习设置商品短视频特效，包括添加转场特效、画面特效、动画特效及蒙版合成处理等。

2. 填写预学单

阅读学习任务，查找相关资料，填写表5-4-1。

表 5-4-1 设置商品短视频特效预学单

学习内容				
小组名称		组员		组长
解决问题 的方法				解决问题 使用的时间
需要解决的问题				
添加转场特效有什么好处				
添加画面特效的作用是什么				
设置动画特效的原因是什么				
蒙版合成处理需要注意什么事项				
存在哪些疑问				

任务实施

活动 1 添加转场特效

活动描述

当视频画面从一个场景切换到另一个场景时，如果没有合适的转场特效，可能会显得突兀或不连贯。转场特效可以填补这种切换的空隙，使观众在视觉感受上是连贯的。商品短视频的节奏对保持观众的兴趣来说至关重要。通过在不同视频片段之间使用不同风格和速度的转场特效，可以控制视频的整体节奏，使其更加紧凑或舒缓。

活动实施

做一做

步骤一：在剪映 App 中导入两段视频素材，它们之间的连接点就是添加转场特效的位置，如图 5-4-1 所示。点击连接点，打开"转场动画"面板，其中包含多种类型的转场特效，如叠化、幻灯片、运镜等。我们常用的转场特效是叠化，它是指前一个镜头的画面与后一个镜头的画面叠加，前一个镜头的画面逐渐隐去，后一个镜头的画面逐渐显现并清晰的过程。选择"叠化"转场效果，拖动滑块调整转场时长为 0.5 秒，随后点击"√"按钮，如图 5-4-2 所示。

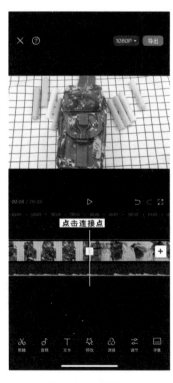

图 5-4-1 连接点

图 5-4-2 选择"叠化"转场效果

步骤二：点击第二个视频素材和第三个视频素材之间的连接点，在"转场动画"面板的"热门"标签中，选择"圆形遮罩"转场效果，拖动滑块调整转场时长为 1.6 秒，如图 5-4-3 所示。

图 5-4-3　选择"圆形遮罩"转场效果

扫描二维码观看商品短视频效果

活动 2　添加画面特效

活动描述

　　添加画面特效可以显著提升商品短视频的视觉效果，使画面更具视觉冲击力。不同的画面特效可以营造出不同的氛围，渲染不同的情绪，使消费者在观看商品短视频的过程中产生更多的共鸣和情感投入。

活动实施

做一做

　　步骤一：导入视频素材，将时间轴定位到时间线的最左侧，选择"特效"工具栏中的"画面特效"选项，如图 5-4-4 所示。在"画面特效"面板中选择合适的特效，此处选择"热门"标签下的"开幕"效果，随后点击"√"按钮，如图 5-4-5 所示。根据需求调整特效的位置和长度，如图 5-4-6 所示。

图 5-4-4　选择"画面特效"选项　　　图 5-4-5　选择特效　　　图 5-4-6　调整特效的位置和长度

步骤二：将时间轴定位到视频中"把手设计，抽拉顺畅"的位置，采用同样的方法添加"氛围"标签下的"光斑飘落"效果，并调整特效的长度，如图 5-4-7 所示。随后将时间轴定位到视频中"多个抽屉，分类放置"的位置，采用同样的方法添加"氛围"标签下的"萤火"效果，并调整特效的长度，如图 5-4-8 所示。

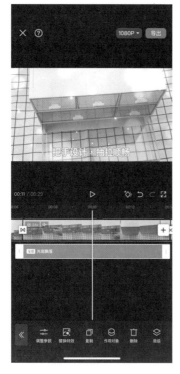

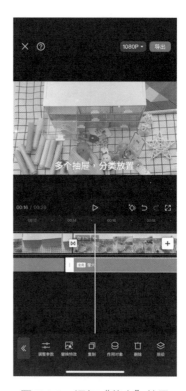

图 5-4-7　添加"光斑飘落"效果　　　图 5-4-8　添加"萤火"效果

步骤三：将时间轴定位到视频素材"光斑飘落"效果开始出现的位置，在"音频"工具栏中选择"音效"选项，如图5-4-9所示。在"音效"面板中选择"热门"标签下的"仙尘音效"，并点击右侧的"使用"按钮应用音效，如图5-4-10所示。

步骤四：此时，画面特效即可伴随音效出现。选中音效，选择"音量"选项，在"音量"面板中滑动滑块调小音量，之后点击"√"按钮，如图5-4-11所示。

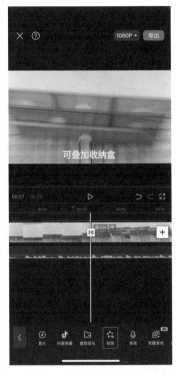 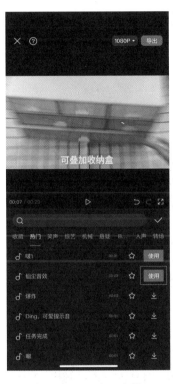 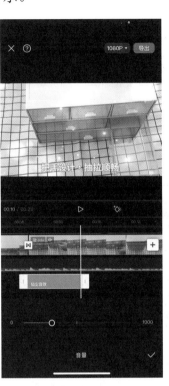

图5-4-9　选择"音效"选项　　　　图5-4-10　应用音效　　　　图5-4-11　调小音量

扫描二维码观看商品短视频效果

活动3　添加动画特效

活动描述

在商品短视频不同的场景之间，加入一些简短的入场和出场动画，可以使整个视频画面更加流畅。这些特效可以作为过渡特效使用，使得场景之间的切换更加自然，避免产生突兀的跳跃感。

活动实施

做一做

步骤一：导入视频后，拖动时间轴到任意想要添加动画特效的位置。选中位于此处的视频片段，之后选择下方的"动画"选项，在"动画"面板中可以看到入场动画、出场动画、组合动画 3 个标签，如图 5-4-12 所示。

步骤二：在"入场动画"面板中选择"旋转开幕"动画效果，拖动滑块调整动画时长为 1.3 秒，如图 5-4-13 所示，点击"√"按钮即可应用。

步骤三：选中最后一个视频素材，在"出场动画"面板中选择"缩小"动画效果，拖动滑块调整动画时长为 2.1 秒，如图 5-4-14 所示，点击"√"按钮即可应用。

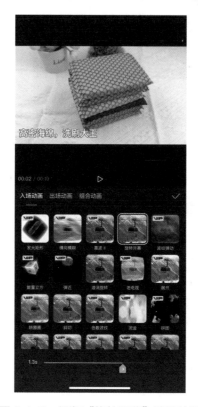
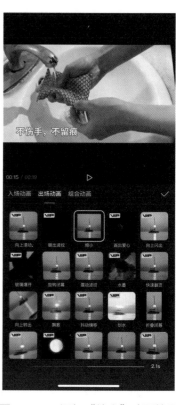

图 5-4-12　动画特效分类　　图 5-4-13　添加"旋转开幕"动画效果　　图 5-4-14　添加"缩小"动画效果

扫描二维码观看商品短视频效果

活动 4　蒙版合成处理

活动描述

蒙版又称遮罩，是视频编辑中很实用的一项功能。使用剪映 App 的"蒙版"功能可以轻松遮挡或显示部分画面。

活动实施

学一学

蒙版的主要用途包括以下几个方面。

1. 局部遮挡：使用蒙版可以遮挡视频中的特定部分，如人脸、标志、文字等。它在保护隐私、去除水印或突出视频中的特定区域等方面有着重要作用。

2．形状叠加：剪映 App 提供了多种预设的蒙版形状，如矩形、圆形、心形等。可以将这些形状的蒙版叠加在商品短视频上，创建出有趣的视觉效果，如圆形或心形的视频窗口。

3．动态过渡：通过调整蒙版的动画效果，实现视频之间的平滑过渡。例如，可以使用蒙版从一个场景平滑过渡到另一个场景，创造出自然且富有创意的视觉效果。

4．高级合成：蒙版可以用于更复杂的视频合成任务。例如，可以使用蒙版将两个视频片段合成在一起，同时保留每个片段的特定部分。

5．强调特定元素：使用蒙版可以突出视频中的特定元素，使该元素更加引人注目。例如，可以使用蒙版将观众的注意力集中在演讲者的脸上，或者突出显示某个商品的细节。

6．创意效果：蒙版还可以用于创建各种创意效果，如动态文字、动态图形、渐变效果等。这些效果可以为商品短视频增添趣味性和吸引力。

做一做

步骤一：在剪映 App 中导入一段"雪梨汁"视频素材，将时间轴定位到要添加画中画的位置，在剪辑功能面板区中选择"画中画"功能，在工具栏中选择"新增画中画"选项，如图 5-4-15 所示。

步骤二：将一段介绍雪梨汁的直播视频素材导入画中画轨道，选中画中画视频素材，选择"蒙版"选项为其添加蒙版，如图 5-4-16 所示。在"蒙版"面板中选择"圆形"蒙版，拖动蒙版上的控制柄调整蒙版大小，按住蒙版内部并拖动，将蒙版移动到要显示的区域，如图 5-4-17 所示。

图 5-4-15　新增画中画

图 5-4-16　添加蒙版

图 5-4-17　调整蒙版大小和位置

步骤三：拖动蒙版上的"羽化"控制柄，使蒙版边缘在一定程度上产生虚化，进而使直播画面边缘形成自然过渡的效果，如图 5-4-18 所示。设置完成后，点击"√"按钮，随后拖动画中画视频画面，将其移至雪梨汁视频的右上方，如图 5-4-19 所示。

图 5-4-18　设置蒙版羽化

图 5-4-19　移动画中画视频画面

扫描二维码观看商品短视频效果

任务评价

填写表 5-4-2，完成自评、互评、师评。

表 5-4-2　任务完成情况评价表

序号	评价内容	评价标准	满分分值	自评	互评	师评
1	添加转场特效	能够选择合适的转场特效，使画面看起来更连贯	25			
2	添加画面特效	能够将画面特效添加到视频的合适位置，以提升画面的视觉效果	25			
3	添加动画特效	特效的呈现方式符合观众的预期和习惯，能够使特效与视频内容贴合，提高融入性	20			
4	蒙版合成处理	蒙版的选择符合视频内容的需求，如使用线性、圆形、矩形等类型的蒙版恰当，创建精确，边缘平滑，未出现无锯齿或模糊现象	30			
总评得分	自评×20%+互评×20%+师评×60%= 　　　　　分					
本次任务总结与反思						

任务实训

实训内容

学生在完成家乡特产短视频片段的剪辑后，可以使用剪映 App 为家乡特产短视频添加合适的特效。学生需要明确视频的主题和风格，以便选择合适的特效来增强视频的视觉效果，并以此增强视频的吸引力，使观众能够更好地理解和感受家乡特产的魅力。

实训描述

通过对前面任务的学习，同学们已经将原始的家乡特产视频素材剪辑成了一段富有信息量且具有吸引力的商品展示视频。本次实训需要对家乡特产短视频再次进行精修，以添加画面特效的形式来展现家乡特产的特色，提升视频韵味。

实训指南

1. 根据家乡特产短视频的主题和商品素材的特点，确定要添加的特效风格。例如，美食主题的短视频可以选择能够突出食物质感和口感的特效。

2．仔细观看视频内容，了解家乡特产的特性、优点和展示重点，确定特效添加的位置，使画面整体看起来更加连贯，使商品的特点更突出。

3．在视频片段之间添加转场特效，使视频过渡得更加自然、流畅。常用的转场特效有叠加、淡入淡出、滑动等。

4．在添加特效时，要注意检查特效的边缘和过渡是否自然，避免出现明显的瑕疵或问题。可以尝试将家乡特产短视频分享到各社交媒体，如抖音、快手等，以便更多的潜在消费者了解家乡特产。

实训总结

将为家乡特产短视频设置特效的完成情况填入表 5-4-3。

表 5-4-3　为家乡特产短视频设置特效

小组名称		组员		组长	
家乡特产名称				原产地	
根据家乡特产的特性、优点和展示重点，选择的特效的风格					
添加了几种画面特效？能否增强观众的视觉体验，让视频内容更精彩					
在添加特效的过程中，是否可以确保特效与视频的配合效果良好					
添加蒙版合成处理是否重点突出了家乡特产的特色					
总结设置短视频特效的注意事项					

 思政园地

剪辑之美：技术与创意的和谐共鸣

在短视频盛行的时代，唯有经过精心剪辑的蕴含独特创意的作品，才能崭露头角，引人注目。在视频剪辑的艺术领域中，展现创新、创意的杰出案例比比皆是，它们以独特的创意构思和剪辑技巧，不断刷新着人们的视觉体验，引领着行业的新潮流。

某短视频讲述的是主人公坚持追求梦想的故事。导演运用快速剪辑、特效处理及音乐配合等技术手段，将主人公奋斗过程中的辛酸、坚持和成长展现得淋漓尽致。在整个创作过程中，注重细节处理，如在某些关键场景中使用慢放镜头或倒放镜头等特殊效果来突出重点。同时，在某些情节转折处，使用跳跃式剪辑来增加紧张氛围和戏剧性。这样的处理方式不仅令人耳目一新，也能使画面更好地与故事情节相结合，进一步加强观众对主人公奋斗精神的共鸣。这种类型的视频不仅能传递正能量和积极向上的价值观念，也能为观众带来愉悦和一定程度的启发。

部分博主在记录日常美食的制作过程时，会结合食物的质感和制作过程，加入切菜声、煎炸声等现场同期声，以增强视频的真实感。同时利用不同的色彩搭配和构图方式，表现出食物的诱人和美感。例如，采用暖色调和高饱和度色彩，表现食物的香辣可口；采用冷色调和低饱和度色彩，表现美食的清新爽口。这种色彩的运用不仅让食物看起来更加诱人，也使视频更具艺术性和观赏性。还可以在视频中加入与美食相关的贴纸和特效，以增添趣味性和吸引力。这种精心创作的视频就像为观众带来了一场视听盛宴。

因此，在如今竞争激烈且内容形式多样化的市场环境中，唯有将创意与技术完美融合，才能打造出吸引观众的短视频作品。这种双重注重，不仅要求创作者具备高超的剪辑技巧，还要求其拥有源源不断的创新思维，只有这样才能在这个多元化的媒体时代中脱颖而出。